开创 “政府放心、企业安心、民众开心”的
良性发展格局
切实提升公共文化设施服务效能

# 城市公共文化设施的社会化运营研究

熊海峰◎著

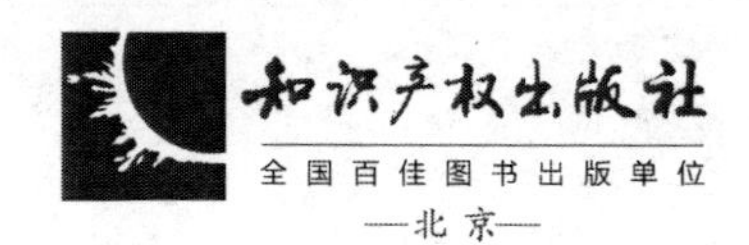
知识产权出版社
全国百佳图书出版单位
—北京—

**图书在版编目（CIP）数据**

城市公共文化设施的社会化运营研究 / 熊海峰著 .
-- 北京 : 知识产权出版社 , 2020.7
ISBN 978-7-5130-7044-7

Ⅰ . ①城… Ⅱ . ①熊… Ⅲ . ①公共管理—文化建筑—运营管理 Ⅳ . ① TU242

中国版本图书馆 CIP 数据核字（2020）第 117554 号

**内容提要**

本书立足“公益视角”，提出了公共文化设施社会化运营的“E-GSC-S”系统模型，分析了政府部门、社会力量、城市公民在社会化运营中的各自利益、定位、职能以及相互关系和支撑体系，并进一步就三者在推动社会化运营中应采取的策略与措施进行了论述。希望通过各主体的协同合作，构建起公共文化服务社会化的利益共同体，形成一个多元共治、互惠共赢的生态圈，切实提升公共文化设施服务效能。

**责任编辑：** 李石华　　**责任印制：** 孙婷婷

**城市公共文化设施的社会化运营研究**

CHENGSHI GONGGONG WENHUA SHESHI DE SHEHUIHUA YUNYING YANJIU

熊海峰　著

出版发行：知识产权出版社有限责任公司　网　址：http://www.ipph.cn
http://www.laichushu.com
电　话：010-82004826
社　址：北京市海淀区气象路50号院　邮　编：100081
责编电话：010-82000860转8072　责编邮箱：lishihua@cnipr.com
发行电话：010-82000860转8101　发行传真：010-82000893
印　刷：北京中献拓方科技发展有限公司　经　销：各大网上书店、新华书店及相关书店
开　本：720mm × 1000mm　1/16　印　张：13
版　次：2020年7月第1版　印　次：2020年7月第1次印刷
字　数：200千字　定　价：52.00元

ISBN 978-7-5130-7044-7

# 序　言

公共文化设施是指由政府或者社会力量兴办，向公众开放用于提供公共文化服务的公益性场所。根据《中华人民共和国公共文化服务保障法》，公共文化设施主要包括图书馆、博物馆、文化馆（站）、美术馆、科技馆、纪念馆、体育场馆、工人文化宫、青少年宫、妇女儿童活动中心、老年人活动中心、乡镇（街道）和村（社区）基层综合性文化服务中心、农家（职工）书屋、公共阅报栏（屏）、广播电视播出传输覆盖设施、公共数字文化服务点等。公共文化服务设施是我国建设现代公共文化服务体系的基础平台和首要任务，是开展群众文化活动、提升全民文化素养的重要阵地，其建设和运营状况，直接关系到人民群众基本文化权益的实现水平和文化建设成果的共享程度。

改革开放以来，随着政府财政实力的增强以及人们文化需求的高涨，我国公共文化设施建设取得了快速发展，特别是城市基本上实现了公共文化设施网络的全覆盖。但关注成绩的同时，我们还应看到当前一些城市政府“重建设、轻运营”的现象，存在着文化场馆闲置、服务方式单一、运行活力不足、整体效能不高等问题。究其原因，很大程度是由于在公共文化设施的建设和运营中，政府仍受计划思维和意识形态的桎梏，从本位出发，大包大揽，社会主体难以有效进入，一直没有形成政府主导、多方参与、协同发展的基本格局。

推动公共设施社会化运营是解决以上问题的重要探索。社会化并不是政府“甩包袱”，将一切公共文化职能交给市场和社会，而是在坚持公益性的前提下中，通过委托管理、服务采购等形式，引入竞争机制，吸引各类社会力量参与到公共文化设施运营中来，实现运营主体、方式和资金的多元化，提升公共服务的供给质量和效率。从2015年初中共中央办公厅、国务院办公厅印发的《关于加快构建现代公共文化服务体系的意见》等文件可看出，推动社会化运营已经成为政府坚定的施政方向。国际经验也表明，社会主体亦是公共服务的重要供给力量。

但在我国推动公共文化设施社会化运营过程中，迟迟乏力。究其原因，本书认为一个关键的因素是：无论理论界或实践界，都主要从“政府视角”出发，缺少从全局、系统、协同的高度来研究和推进社会化运营，缺少对政府部门、社会主体、城市公民各自在运营中的利益追求、角色定位、功能职责的研究，缺少对三者互动关系以及基础支撑体系的细致梳理，因而也就难以形成协同互动、合作共赢的运营格局。鉴于此，本书根据社会化运营条件的成熟性和实践要求的迫切性，选取城市公共文化设施作为对象（重点是文化部系统的“三馆一中心”，即博物馆、图书馆、文化馆和基层综合文化服务中心），以提升服务效能为目的，对当前城市公共文化设施存在的问题和成因进行了深入剖析，并结合国际文化设施运营的经验，立足“公益视角”提出了公共文化设施社会化运营的“E-GSC-S”系统模型，分析了政府部门、社会力量、城市公民在社会化运营中的各自利益、定位、职能以及相互关系和支撑体系，并进一步就三者在推动社会化运营中应采取的策略与措施进行了论述。希望通过各主体的协同合作，构建起公共文化服务社会化的利益共同体，形成一个多元共治、互惠共赢的生态圈，开创“政府放心、企业安心、民众开心”的良性发展格局，切实提升公共文化设施的服务效能。

# 目　录

# 第一章　导　论

## 第一节　研究背景

### 一、国家大力构建现代公共文化服务体系

公共文化服务是指由政府主导、社会力量参与，以满足公民基本文化需求为主要目的而提供的公共文化设施、文化产品、文化活动以及其他相关服务；[1]是基于社会效益，不以营利为目的，为社会提供非竞争性、非排他性的公共文化产品的资源配置活动。[2]在当前全球文化交流交融交锋更

[1] 参见《中华人民共和国公共文化服务保障法》。

[2] 夏国锋，吴理财. 公共文化服务体系研究述评［J］. 理论与改革，2015（6）.

加频繁、人民文化需求日趋多元与高涨的背景下，推进现代公共文化服务建设，具有重大的战略意义。

改革开放以来，在积极构建社会主义市场经济制度的战略指引下，在推动政府由管理型向服务型的转变过程中，我国文化事业的话语体系和实践探索也开始向公共文化服务转变，构建公共文化服务体系已经成为社会主义建设的重要目标。2005年党的十六届五中全会首次正式提出要“逐步形成覆盖全社会的比较完备的公共文化服务体系”[1]，2011年细化为加快建设“覆盖城乡、结构合理、功能健全、实用高效的公共文化服务体系”。[2]2015年中共中央办公厅、国务院办公厅联合印发的《关于加快构建现代公共文化服务体系的意见》中，进一步具体要求：“到2020年，基本建成覆盖城乡、便捷高效、保基本、促公平的现代公共文化服务体系”[3]。2017年出台的《文化部“十三五”时期文化发展改革规划》的发展目标中，再次强调到2020年“现代公共文化服务体系基本建成”。

根据学者（戴珩，2011；王列生，2012）观点，完善的公共文化服务体系包括六个子系统[4]或十二个子系统[5]，其中公共文化设施是最基础的组成，其建设、运营和管理水平直接关系到公共文化服务的质量与效益，特别是目前重视不足的运营部分。《关于加快构建现代公共文化服务体系的

---

[1] 张永新.深入学习贯彻《意见》《标准》全面推进现代公共文化服务体系建设（上）[J].人文天下，2015（2）.

[2] 同[1].

[3] 关于加快构建现代公共文化服务体系的意见［N］.人民日报，2015-01-15.

[4] “六个子系统”：公共文化设施网络覆盖体系，公共文化服务组织支撑体系，公共文化产品生产和供给体系，公共文化人才、资金、技术保障体系，公共文化政策法规体系，公共文化评估体系。

[5] “十二个子系统”：政策法规体系、财政支持体系、基础设施体系、网络信息体系、内容生产体系、文化活动体系、供给配送体系、资源整合体系、保护传承体系、科技创新体系、人才培养体系、监督评估体系。

意见》就明确指出，“坚持设施建设和运行管理并重，健全公共文化设施运行管理和服务标准体系，规范各级各类公共文化机构服务项目和服务流程，完善内部管理制度，提高服务水平。”[1]当前，覆盖城乡的公共文化网络设施体系基本建成。截至 2018 年末，全国共有县级以上公共图书馆 3176 个，博物馆 4918 个，乡镇综合文化站 33858 个。[2]在国家大力构建现代公共文化服务体系的大背景下，如何更好地提升公共文化设施的运营效能，更好地满足人民群众的精神文化需求，已成为了当务之急。

## 二、公共文化服务社会化探索正加快推进

构建公共文化服务体系、保障公民基本文化权益，这是政府不可推卸的职责，然而这并不意味着政府需事必躬亲，必须由本部门或下属事业单位直接供给文化服务，同时，单一的政府垄断供给，也将受到政府财政的严重制约。“现代公共文化服务体系尽管以社会日益增长的文化需求为驱动源，但其直接制约力量来自政府公共财政的支出规模和支出结构，取决于预算博弈中政府对文化需求的事态评估及其公共文化支出的可能性评估，一种内在的均衡性在其中起着现实的尺度作用，而决不能认为理想主义价值目标可以为所欲为或国家公共文化服务体系可以无限完美塑型。”[3]为此，我国文化行政管理部门提出，要加快转变政府角色，“从办文化向管文化转变、从管微观向管宏观转变、从面向直属单位向面向全

---

[1] 范周.《关于加快构建现代公共文化服务体系的意见》的解读[J].人文天下，2015（1）.

[2] 文化部财务司.中华人民共和国文化和旅游部 2018 年文化和旅游发展统计公报[EB/OL].（2019-05-30）[2019-09-30].http://zwgk.mct.gov.cn/auto255/201905/t20190530_844003.html?keywords=.

[3] 王列生，郭全中，肖庆.国家公共文化服务体系论[M].北京：文化艺术出版社，2009：19.

社会转变，把工作重心放到制定法规政策、调配资源、实施监管、营造环境上来”[1]，要通过引入竞争机制，推动社会化发展，实现供给主体的多元化。

从世界范围来看，在新公共管理和新公共服务等理论的影响下，鼓励社会力量参与治理和供给，已经逐渐成为各国公共文化机构向公民提供文化服务的通行做法。从美英日等发达国家公共文化服务发展的过程看，公共产品和竞争机制并不对立。特别是第二次世界大战后西欧公共文化建设中，政府在文化领域的主导角色逐渐消退，公共文化服务在资金支持与具体运作上，更多依赖社会力量特别是非营利组织来实现。在我国长期以来，文化事业被赋予了浓厚的政治和意识形态色彩，政府以垄断型供给者的身份向社会提供服务。随着时代的发展，随着我国经济社会的大转型，公共文化服务建设的指导精神也逐渐转型：从事业体制转向公共文化服务体制，特别是随着国家日益强调市场在资源配置中的决定性作用，传统供给体制已经严重束缚了市场作用的发挥，影响了文化供给水平的进一步提升。加快转型，推进社会化已是大势所趋。

2002年党的十六大提出的文化发展“两分法”（即公益性文化事业和经营性文化产业），拉开了公共服务社会化发展的序幕。2006年国家“十一五”时期文化改革发展规划和2007年中共中央办公厅、国务院办公厅联合出台的《关于加强公共文化服务体系建设的若干意见》，都提出吸引和鼓励社会力量通过各种方式参与公共文化服务建设的战略方针，2012年，文化部印发了《关于鼓励和引导民间资本进入文化领域的实施意见》，就社会力量参与的重点领域和主要方向提出了建议，2013年，党的十八届

[1] 张永新．构建现代公共文化服务体系的重点任务［J］．行政管理改革，2014（4）：38-43.

三中全会进一步明确了社会化发展的必要性和基本路径。2015年，中共中央办公厅、国务院办公厅出台了《关于加快构建现代公共文化服务体系的意见》，将社会化发展提升到增强公共文化服务发展新动力的高度，并提出了建立健全政府服务购买机制、推广政府与社会资本合作，以及创新文化设施管理模式等实施路径。

当前，在加大政府向社会力量购买公共文化服务力度方面，国务院办公厅出台了《关于做好政府向社会力量购买公共文化服务工作的意见》等专门文件，进一步明确了服务购买的指导目录，并要求各级政府部门要在财政预算经费中拿出一部分专项资金用于向社会组织购买服务。在推动政府与社会资本合作方面，已有不少地方进行了积极探索，例如，浙江温州与社会力量合作建设城市公共阅读体系；在公共文化服务设施社会化运营方面，全国已经有为数不少的成功案例。例如，上海华爱社区管理服务中心连锁运营多家社区文化中心，无锡全中文化公司承接无锡新区文化馆管理运营等[1]。但是，随着公共文化服务社会化的实践进程，系列问题也随之出现，例如，政府与社会主体之间的职责界限、沟通机制、监管评估机制等，都迫切需要在理论上进行回应，在实践上进行创新。

## 三、新型城镇化需提升文化设施运营能力

新型城镇化是以人为本的城镇化，不仅需要推进户籍制度、土地制度和财政政策等方面的改革，还应该关注社会保障与文化民生，不断提升居

---

[1] 李国新．现代公共文化服务体系建设的思考［EB/OL］．（2016-05-23）［2016-08-13］．http://www.chinathinktanks.org.cn/content/detail?id=2975179.

民的文化素养，提高居民的获得感与幸福感。同时需要指出的是，强化公共文化设施的建设与运营，是抢占新型城镇思想文化阵地、传播社会主义核心价值观、促进社会和谐与稳定的必要举措。众所周知，社会主义核心价值体系是社会主义制度的内在精神和生命之魂[1]，然而在新型城镇化建设过程中，一些区域和群体中存在着核心价值观扎根不牢、影响不深的现象。例如，在数量庞大的农民工特别是新生代农民工群体中，现代化、城镇化的进程对他们传统的生活方式和价值观念带来了重大改变，但由于缺乏必要的价值引导和文化教育阵地，他们很少能接受到社会主义道德观的熏陶和教育，大量时间在无聊、玩游戏、打牌、搓麻将、甚至赌博中度过，对城市生活产生了严重的边缘感和疏离感，隐藏着大量不稳定因素。鉴于此，在新型城镇化中，必须充分发挥公共文化设施的阵地作用，不断扩大先进文化的传播力度，凝聚起发展合力。

我们还应看到，推动公共文化设施建设和运营，是传承历史文脉、丰富发展内涵、塑造新型城镇特色和提升文化软实力的重要举措。文化，是一个城市的灵魂和精神之所系，生命力与竞争力之所依。注重“文化传承”的新型城镇化，它不仅是物质层面“破旧立新”的发展过程，更深刻的内涵应是文化记忆的存留和文化历史的延续，是城镇文化特色的萃取和文化价值的升华过程。但从 20 世纪八九十年代起，在求新、求洋、求大、求快的城市化思想影响下，许多城市对历史传承、特色塑造、文化建设不够重视，出现了大量“魂不附体”“千城一面”的现象。公共文化设施是城市文化建设的主要内容和载体，因此，在新型城镇进行中，应从文化基础设施、文化特色活动、文化精神风貌等角度出发，发掘城镇文化资源，

[1] 张瑞．近年来国内学术界关于社会主义核心价值研究述评［J］．科学社会主义，2010（12）．

推动文化传承与创新，将公共文化设施建设为历史底蕴厚重、时代特色鲜明的人文魅力空间，成为城市传承文脉的核心阵地。

## 四、城市公共文化设施运营面临系列挑战

在我国，城市是公共文化设施覆盖水平最高、网络体系最健全的区域。但在设施的运营方面，虽然近些年来有了较大改善，但仍存在系列问题和挑战，亟须有效解决。

第一，设施利用不足，运营效率不高。21 世纪以来，城市化推动了公共服务设施建设的热潮。但一些城市特别是不少新区领导，在建设中较注重追求规模与规格，希望将其打造为地标性建筑，拉升新区形象和人气，但由于“重建设、轻运营”，缺少考虑设备购置、设施维护、服务开展等长效运营机制，常常导致后期使用频率不足，一些甚至处于“空壳”状态，难以正常运转。[1]以公共图书馆服务效能为例，与美国、英国和日本相比，我国图书馆从年人均借阅册数、人均到馆次数和图书外借率来看，都存在明显差距（见表 1-1）。即使是上海等国际化大都市，与国外同级别城市相比，还是存在差距。例如，纽约公共图书馆为 214 个，上海为 245 个，但服务效能却相差甚远，纽约公共图书馆持卡人数占城市总人口的 64.7%，上海仅占 4.6%。[2]

---

[1] 中华人民共和国文化部 . 2015 年文化发展统计分析报告［M］. 北京：中国统计出版社，2015：23.

[2] 祁述裕 . 公共管理与公共文化服务体系建设［EB/OL］.（2013-11-08）［2016-08-13］. http://blog.sina.com.cn/s/blog_564bf9970101nffb.html.

表 1–1 公共图书馆服务效能主要指标国际比较[1]

| 国家 | 持证读者占总人口比例（%） | 年人均借阅（册） | 年人均到馆（次） | 图书外借率（册） |
|---|---|---|---|---|
| 美国 | 68 | 7.7 | 5.1 | 2.5 |
| 英国 | 58 | 5 | 5.4 | 3.1 |
| 日本 | 43 | 5.4 | 2.4 | 1.8 |
| 中国 | 2.9 | 0.34 | 0.39 | 0.59 |

第二，资金来源渠道单一，运营经费不够。当前我国公共文化设施的运营资金基本上来自政府的财政拨款，其他资金来源渠道少。以浙江省文化馆资金来源为例，86% 来自财政拨款，14% 来自事业收入（包括房租、活动收入等）。[2] 但由于政府财力有限，而文化设施特别是剧院、博物馆、图书馆等运行和维护费用又较高，这就导致了公共文化机构业务经费缺口较大，即使在经济较为发达的广东省，2014 年全省有 18 个公共图书馆无购书专项经费，占公共图书馆总数的 13.4%，有 90 个群艺馆（文化馆）无业务活动专项经费，占群艺馆（文化馆）总数的 61.2%，有 117 个博物馆无文物征集费支出，占博物馆总数的 66.4%。[3] 而反观国外文化设施运营，其资金渠道通常较多，以美国公共博物馆为例，来源包括门票、捐赠、基金收入等，因此资金就相对充裕。

第三，专业人才较为缺乏，运营能力不够。人才问题是各城市公共文化设施运营中普遍存在的问题。一是在人才总量上，例如较多城市基层文

---

[1] 李国新 . 现代公共文化服务体系建设的思考［EB/OL］.（2016–05–23）［2016–08–16］. http://www.chinathinktanks.org.cn/content/detail?id=2975179.

[2] 浙江省文化厅 2016 年 6 月向文化部提交的《浙江省繁荣群众文艺工作调研报告》。

[3] 中华人民共和国文化部 . 2015 年文化发展统计分析报告［M］. 北京：中国统计出版社，2015：212.

化馆（站）人才不足，人员编制与服务人口数量反差较大。“在编不在岗、在岗不专职”现象严重，很难有效承担起群众文艺的指导、组织、协调、培训等基本职能。二是在人才结构上，各类领军人才、文艺专业干部全面短缺，例如，上海2015年文化馆（含社区文化活动中心）专业人员比例仅占从业人员数的23.5%，市、区（县）文化馆高级专业人员数在逐年下降。[1]三是在年龄结构上，业务人员年龄结构偏高，队伍结构老化，人才青黄不接，一些地市出现了人才断层。

第四，设施运营机制不完善，运营活力不够。现阶段文化产品的供给还主要依靠图书馆、文化馆等事业单位。由于外部缺少市场竞争机制，内部缺少完善的评估激励机制，公共文化设施运行单位的人事、分配、考核制度改革相对滞后，很多机构缺少服务动力，所以常常导致管理效率比较低下。同时由于外部没有建立完善的文化服务反馈与监督机制，难以及时收集和获得群众文化需求信息，群众也难以监督文化设施的运营。因此常常导致文化设施吸引力不足，活动人气不够，严重影响了设施利用的效率和效益。

## 第二节 研究目的：提升公共文化设施的服务效能

理论只有指导实践才有价值。本研究的主要目的是针对当前城市公共文化设施运营中存在的问题与挑战，通过深入剖析内在因由，并借鉴国内

[1] 上海市文化广播影视管理局2016年6月向文化部提交的《上海市繁荣群众文艺专题调研报告》。

外的相关运营经验，探索利用社会化运营的方式来提升公共文化设施的服务效能。

服务效能是指企事业单位或社会机构提供公共服务的能力和水平。在《中华人民共和国公共文化服务保障法》中，特别将“提高公共文化服务效能”作为“加强公共文化设施建设，完善公共文化服务体系”的一项重要原则写入总则。[1]在西方公共管理理论和实践中，效能表述为“4E”，即经济（Economy）、效率（Efficiency）、效益（Effectiveness）和公平（Equity），即“用尽可能低的成本、做正确的事情，并高效率完成”。效能包括两个核心要素：效即效率、效果和效益；二是“能”，即公共决策能力、资源配置能力、公共需求管理能力、服务供给能力等。[2]对公共文化领域而言，即是要通过社会化，提升公共服务的管理水平与运营效率，让公民能享受到一定经济条件约束下的最大文化福祉。尽管供给基本的公共服务是政府不可推卸的责任，但正如美国公共管理名言所说：政府不保证提供公共服务，但确保公共服务被提供。[3]推进社会化，本质上而言，就是政府要从文化领域供给侧结构性改革出发，引入社会力量来提升服务的供给质量和效率，弥补政府供给能力的不足。

社会化运营看似是政府在公共文化服务领域的体制机制创新，但其深层次的根本问题则是：如何正确处理好政府部门、社会力量、城市公民等多元利益主体间的互动与合作关系。推进公共文化设施社会化运营，不仅需要有决心，更需要有具体的策略智慧和背后的价值均衡支撑。因此，本

---

[1] 殷泓，王逸吟．为更好的公共文化服务保驾护航［N］．光明日报，2016-04-28.

[2] 刘闲庭．如何完善公共文化服务体系，提高服务效能？［EB/OL］．（2016-12-28）［2016-12-30］．http://iask.sina.com.cn/b/cIvbynNHeH.html.

[3] 祁述裕．公共管理与公共文化服务体系建设［J］．上海文化，2013（12）.

研究主要是基于新公共服务和多中心治理等理论，认为推动社会化运营，提升服务效能，关键是要用一种利益机制和潜在网络将政府机构、社会组织、城市公民以及媒体、社会中介机构等众多利益联系在一起，形成一种动态的相互影响和合作关系，构建出一个多元共治、互惠共赢的利益共同体。政府的重要作用就是通过政策、税收、法律等方式建立和维护这个利益共同体，进而提升公共文化设施运营的质量与效率，保障人民群众的基本文化权益。

## 第三节 研究意义

### 一、学术价值

推动公共文化设施社会化运营是实践的重要发展趋势，也是当前研究的热点问题。但从目前著述来看，都侧重于服务购买或者供给主体研究，对文化公共设施社会化运营还缺少系统性的关照。尽管西方国家在社会化运营中已形成了较成熟的经验，但中国有自己独特的国情社情，因此，社会化运营也必须立足我国特定的政治、经济、文化和法律环境，可以参考欧美做法，但绝不能对其理论与实践照搬照抄，必须形成一套植根于中国文化传统与经济社会现实的理论体系。本著的学术价值在于通过系统性的研究，创新性地构建起了具有内在学理支撑的、促进公共文化设施社会化运营的系统模型，为我国文化事业的发展提供理论参考和智力支持。

## 二、实践价值

我国公共文化设施社会化运营的实践道路，既不能是苏联计划经济模式的翻版，也不能是完全的市场经济模式，需要在坚持公益性的基础上，在社会效益和可持续运营间找到合理的平衡。当前在社会化运营探索中出现无锡新区图书馆、魏塘街道文化中心等典型案例，以及爱迪讯、华爱社区服务管理中心等专业化企业，一些城市也探索出了系列有效的政府购买社会化服务的措施和管理办法。但在进一步推进和推广中，我们发现这些成功的案例也具有一定的条件性和特殊性，也面临着各种各样的困难和烦恼。因此，本著的一个重要任务即是总结当前公共文化设施社会化探索中的可推广的共性经验，同时分析各类问题存在的原因，并针对问题进行思考和提出相应建议，希望能够服务实践，推进理论研究与社会实践的有机统一。

## 三、社会价值

公共文化设施是满足人民群众基本文化需求的重要载体，是弘扬社会主义核心价值观的重要阵地，是推动优秀民族文化传统和创新的重要场所。其运营的好坏直接关系到人民基本文化权益的保障，社会主流价值的传播，以及优秀文化的传承与创新发展。鉴于此，本著意在通过研究和创新文化设施的社会化运营，提升文化基础设施的服务效能，推进文化民生，促进文化繁荣与发展。

# 第四节 研究对象

## 一、城市公共文化设施的概念、特性与分类

### （一）城市公共文化设施的概念

城市公共文化设施是一个较低层级的概念（见图 1-1）。如果不细致梳理清楚文化设施、公共文化设施和城市公共文化设施之间的关系与区别，我们将很难准确理解城市公共文化设施的概念。

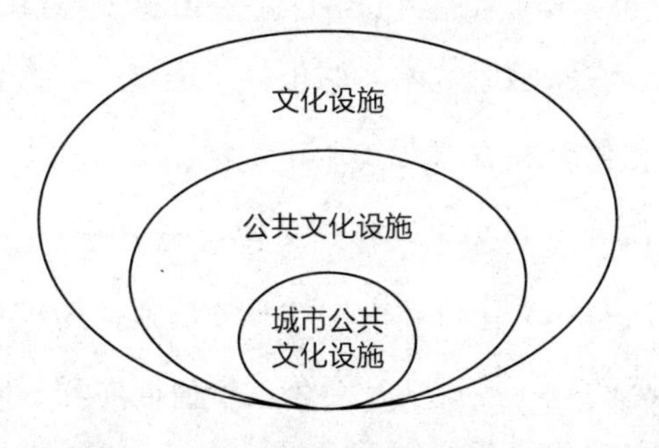


**图 1-1 文化设施、公共文化设施和城市公共文化设施三者的关系**

文化设施一般称为文化系统里的硬件（辛晚教，1998），为民众提供参与各种展示、表演艺术等艺文活动的空间，具有心灵陶冶、提供休闲娱乐与社会教育的功能。[1] 毛少莹等学者研究认为，公共文化设施具有广义和狭义之分，其广义概念是指具有特定文化功能的建筑实体和具有特定文化资源价值的社会固定资本，其狭义概念是通过对文化设施的投资主体与

---

[1] 孙艺．我国城市公共文化设施配置研究［D］．哈尔滨：哈尔滨工业大学，2012.

服务目的进行区分，包括两种类型：一是公益性非营利型，一种是经营性营利型。[1] 两者的区别在于，前者多提供纯公共产品（服务）或准公共产品（服务），多由公共财政投资建设（或资助非营利机构）建设，基本是免费或低价向公众提供服务，如公共图书馆、公益性社区服务中心等。后者则是一般商品，多由社会企业或私人投资新建，需要有条件付费，按照市场规则使用，如电影院、书店、游乐场等。

本著研究的是公益性非营利型城市公共文化设施。根据《中华人民共和国公共文化服务保障法》规定公共文化设施是指用于提供公共文化服务的图书馆、博物馆、文化馆（站）、科技馆、纪念馆、体育场、工人文化宫、青少年宫、妇女儿童活动中心，乡镇（街道）和村（社区）基层综合性文化服务中心、农家书屋、城乡阅报栏（屏）、广播电视播出传输覆盖设施、公共数字文化服务点以及其他建筑物、场地和设备。[2] 本著遵循了以上权威定义，认为公共文化设施是文化设施中的公益性非营利型部分，是以保障人民群众基本文化权利为主的服务设施，其核心是满足群众公共文化需求的最大公约数——反映社会公共价值取向和共同文化权益的基础性与整体性文化需求。具体而言，是指城市政府部门或者社会力量举办的，为广大市民提供公共文化服务的图书馆、博物馆、文化馆（站）、科技馆、纪念馆、体育场、工人文化宫、青少年宫、妇女儿童活动中心、公共数字文化服务点以及其他建筑物、场地和设备。它不仅是保障市民基本公共文化服务需求的基础平台，也是满足人们学习、休闲、娱乐和交流要求的一种公共环境空间，同时公共文化设施也彰显着一个城市的形象与品

[1] 毛少莹，等．公共文化服务概论［M］．北京：北京师范大学出版社，2014：251.

[2] 中华人民共和国公共文化服务保障法［N］．人民日报，2017-02-03.

位，事关着城市居民文化素养的培育和提升。在当前许多城市正从功能性城市向文化性城市迈进的时候，公共文化设施的重要性就更加突出。[1]

### （二）城市公共文化设施的特性

第一，公益性与基础性。公共文化设施作为城市公共环境设施，它的设置领域是开放性的公共空间，是保障市民基本文化权益的载体，因此是公益性和基础性的，是以政府投资建设为主的。《中华人民共和国公共文化服务保障法》第十三条就明确规定，县级以上地方各级人民政府应当将公共文化设施建设纳入本级城乡规划，并在国家基本公共文化服务指导标准的指导下，因地制宜，形成场馆服务、流动服务和数字服务相结合的公共文化设施网络。[2]这从法律上确定了各级政府承担公共文化设施建设并保障其正常运行的社会责任和义务。目前从实际情况来看，我国在城市公共文化设施的规划设计、用地划拨、载体建设、专业设备购置以及设施管理等方面，都体现出鲜明的政府主导色彩。

第二，文化性与观念性。与城市的医疗、教育、卫生等公共服务设施不同，公共文化设施是提供文化服务内容的，有其特殊属性。在文化建设中，文化供给主体必须尊重文化发展的特殊性，将社会效益放在首位，为广大人民群众提供积极健康向上的精神食粮。对城市公共文化设施而言，其建设和运营均需以这些理念为指导，通过服务、活动、娱乐、培育等多种方式体现出来，弘扬真善美，拒绝假恶丑，形成有益于社会进步的思想、行为方式和道德准则，传播社会主义核心价值观，增强发展凝聚力与

---

[1] 单霁翔. 从“功能城市”走向“文化城市”[M]. 天津：天津大学出版社，2013.

[2] 余幼墨. 立法是推进改革的良机[N]. 中国文化报，2015-05-22.

向心力，促进社会和谐与稳定，成为城市文化和思想传播的重要阵地，成为文化生活的重要场所。

第三，层级性与象征性。由于城市公共文化设施不可移动的原因，其在规划布局的时候，需要考虑可达性，因此，公共文化设施根据其辐射范围，形成了“城市—市区—社区”等多个层级，通过这样的分级配套体系构建，实现了区域范围内公共文化需求的有效满足。同时对于这些区域而言，公共文化设施是一种重要的公共建筑和文化地标，体现着地区的文化内涵与审美品位。例如，故宫博物院之于北京，悉尼歌剧院之于悉尼，毕尔巴鄂古根海姆博物馆之于毕尔巴鄂城。正是因为这种象征性，各城市都通常会精心设计和建设公共文化设施，以期传承城市文脉，彰显城市文化精神。

### （三）城市公共文化设施的分类

根据文化服务功能、公益程度、辐射范围等不同维度，可粗略地将城市公共文化设施分为以下类别：

第一，根据功能分类。按照国际通行的文化设施功能分类，主要有四大类别：一是博览展示类，例如博物馆、展览馆、规划馆、美术馆等；二是文化教育类，例如图书馆、非遗体验馆、群艺馆、文化馆（站）、基层综合文化服务中心等；三是科技体验类，包括天文馆、科技展示馆等；四是文艺展演类，例如剧院、剧场、公共音乐厅等（见表 1–2）。

表 1-2 城市公共文化设施的四大功能类别

| 功能 | 典型设施 |
| --- | --- |
| 博览展示类 | 博物馆、展览馆、规划馆、美术馆等 |
| 文化教育类 | 图书馆、非遗体验馆、群艺馆、文化馆（站）、纪念馆、基层综合文化服务中心等 |
| 科技体验类 | 科技馆、天文馆等 |
| 文艺展演类 | 剧院、剧场、公共音乐厅等 |

第二，根据公益水平分类。城市公共文化设施根据财政来源和公益性水平不同，简单地可分为纯公益性、准公益性与经营性三类文化设施（见表 1-3）。本著研究对象是纯公益性和准公益性的两类。

表 1-3 城市公共文化设施按公益性水平分类

| 分类 | 基本特征 | | | 代表设施 |
| --- | --- | --- | --- | --- |
| | 资金来源 | 运营方式 | 公益水平 | |
| 纯公益性文化设施 | 财政全额拨款捐助 | 事业单位委托运营 | 公益性最高 | 免费的规划馆、文化馆等 |
| 准公益性文化设施 | 财政差额拨款捐助 / 收费 | 事业单位委托运营 | 公益性较高 | 剧院、美术馆、音乐厅等 |
| 经营性文化设施 | 企业自筹资金 | 企业或个人 | 公益较低 | 书店、影院等 |

根据文化设施公益性的水平，国家对其用地属性的划分也是不同的。在《城市用地分类与规划建设用地标准 GB 50137—2011》中，区级和城市级的公益性文化设施用地被划进 A 类公共管理与公共服务设施用地，而经营性文化设施被划入 B 类商业服务业设施用地。以上两种不同用地属性的划分，形成了完全不同的管理方式和用地成本。A 类公共管理与公共服务设施用地主要通过政府无偿划拨获得用地，建设运营单位获取土地的成

本基本可以忽略不计；B 类商业服务业设施用地需要通过市场化的“招拍挂”获得，够地成本极高。

第三，根据公共文化设施服务辐射范围，我国设计了六个层级，形成了六级设施分布体系。在城市区域，根据设施服务规模的等级标准，可以分成为三个层次，即市级、区级和社区级（表 1–4）。

表 1–4　城市公共文化设施分级体系表

| 分级 | 服务对象 | 基本设施类型 | 用途 | 行政管理单位 |
|---|---|---|---|---|
| 市级公共文化设施 | 全市及周边地区 | 博物馆、图书馆、文化馆、展览馆、科技馆、规划馆等 | 图书借阅、艺术展览和欣赏等 | 市政府及文化行政部门 |
| 区级公共文化设施 | 市辖区 | 文化馆、图书馆、少年宫、文化广场等 | 图书借阅和文化艺术活动 | 区文化行政部门 |
| 街道 / 社区级公共文化设施 | 居住区街道 | 基层综合文化服务中心、社区图书站等 | 居民日常文化活动 | 街道办事处 |

## 二、公共文化设施社会化运营概念及几点重要说明

### （一）社会化运营概念

1. 社会化运营概念的提出

公共服务社会化是 20 世纪 70 年代以来，以英、美等国家为代表推行新公共管理的重要举措，重点是在公共服务领域中引进市场竞争机制，降低政府财政支出，提升运营效率。这场改革经历了 30 余年，到 20 世纪末，英、美等发达国家已基本完成了公共服务的市场化改革。

西方公共服务市场化兴起于英国。1979 年撒切尔夫人上台后，推行“雷纳评审”，这次改革以市场化为导向，以提高政府的效率和效能为主要

目标，在短期内取得了很好的效果。美国政府公共服务市场化改革开始于20世纪80年代初，里根政府解除了对航空、铁路、汽车运输、电信、有线电视、天然气等的行政管制；克林顿政府进一步把竞争机制引入政府机构，确立了“顾客导向”的管理服务理念，以企业家精神重塑美国政府。1987年，日本政府进行了对国有铁道公司的市场化改革，并出台了《最终报告》，认为中央政府的事务和活动只能是对私人活动的补充，政府从不必要的政府事务和活动中退出来，让位于私人企业。法国、德国等国家亦推进了市场化改革，主旨是重新界定政府与市场关系，让市场在公共服务供给发挥更积极作用，减少政府财政负担，提高服务效率。

中国在21世纪初即引入了社会化运营的概念。但正式写入中央政府文件，成为指导性的建议，时间相对较晚，“公共文化设施社会化运营”概念则出现得更晚。2002年党的十六大提出的“两分法”开启了社会化探索进程。2007年《关于加强公共文化服务体系建设的若干意见》中，提出“积极引导社会力量以兴办实体、赞助活动、免费提供设施等多种形式参与公共文化服务”思路；[1]2013年《中共中央关于全面深化改革若干重大问题的决定》首次出现了“推动公共文化服务社会化发展”的提法；2015年，在中共中央办公厅、国务院办公厅印发的《关于加快构建现代公共文化服务体系的意见》的第三章节“增强公共文化服务发展动力”中提出，要“创新公共文化设施管理模式，有条件的地方可探索开展公共文化设施社会化运营试点，通过委托或招投标等方式吸引有实力的社会组织和企业参与公共文化设施的运营。”[2] 至此，公共文化设施社会化运营的概念正式

[1] 王永敏．建设中国特色社会主义先进文化路径研究［D］．石家庄：河北科技大学，2014.

[2] 吴理财，贾晓芬，刘磊．用治理理念推动公共文化服务发展［J］．社会治理，2015（2）.

出现在各种文件上。

2. 社会化运营概念的内涵

推进公共文化设施社会化，是探索公共服务社会化的重要组成部分。从当前学界讨论的层次与深度看，目前国内学者还主要是探讨公共服务社会化的概念与内涵，具体到公共文化设施方面，论述还较少。

祁述裕（2013）认为，提供公共文化服务是政府的基本职责，然而这不表示政府必须是服务的直接提供者。事实上，政府直接提供在一定程度造成了服务方式单一、服务效率不高、供给活力不足等问题。因此，推动社会化发展，培育多元的服务供给主体，是构建现代公共文化服务体系的重要路径，并提出要创新社会力量参与方式和建立群众评价和反馈机制等建议。

张永新（2014）认为，现代公共文化服务体系是集政府高效管理、市场良性运作、社会积极参与和个人有效赋权为一体的有机整体。[1]因此，社会化离不开政府、市场、社会间的有机协作，需要处理好其相互关系。并认为当前社会化的主要任务是要加快培育与壮大文化类社会组织，引导和鼓励社会力量参与公共文化服务，并加大公共文化服务的政府购买力度等。

毛少莹（2014）认为，社会化是与行政相对的社会化（民间化），是坚持政府主导责任的前提下，供给主体由政府逐步向社会力量、市场组织与公民等多元主体扩展的过程。认为其是政府转变职能、努力建立文化治理结构的集中体现，对推动形成公共文化服务体系多元共建格局、繁荣我国公共文化服务具有重大意义。

---

[1] 张永新．构建现代公共文化服务体系的重点任务［J］．行政管理改革．2014（4）．

范周（2016）认为，公共文化服务社会化，就是在公共文化服务领域中引入竞争机制，正确处理好市场、政府与社会的关系，实现公共文化服务供给主体、供给方式和资金投入的多元化，有效提升服务的供给能力和水平。并提出推进社会化，绝不意味着政府可以将职责推给社会，政府作为责任主体毋庸置疑。推动公共文化服务社会化不等于政府卸包袱，社会化的形式不是摊派。[1]

郑崇选（2016）认为，社会化发展是推动文化治理现代化的内在要求，要通过正确处理政府、市场、社会三者的关系，扩展社会力量参与渠道、培育文化类社会化组织等举措来促进社会化健康发展；并认为其主要内涵是将政府投资兴建的各类社会公共文化设施委托于公共文化服务的托管机构，由其代为经营和管理，实现公共文化运营管理的专业化。[2]

李国新（2016）认为，公共文化服务的责任主体始终应该是政府，公共财政始终是最主要的支持与保障方式。并提出：公共文化服务社会化是供给方式和具体生产任务的转移而不是政府主体责任的转移。推进社会化，要防止地方政府以此为理由和借口推责任，“甩包袱”；要防止异化为“以文养文、以文补文”，将公共服务设施市场化、经营化，而忽视了其公益性；同时还要防止迷信社会化，为了社会化而社会化，认为“一包就灵”“一买就灵”。[3]

从以上专家的研究来看，公共文化服务社会化是在坚持政府主导责任的前提下，将政府所承担的公共文化服务供给职能，通过委托、支持、代

---

[1] 范周．公共文化服务社会化问题的几点思考，摘自个人微信公众号“言之有范”，2016年7月4日。

[2] 徐清泉，郑崇选．上海公共文化服务发展报告（2016）[R]．上海：上海社会科学院出版社，2016：19-37.

[3] 李国新．对我国现代公共文化服务体系建设的思考[J]．克拉玛依学刊，2016（7）.

理、购买、赋权等方式过渡给有实力的社会主体，通过竞争机制，提升服务的质量和效率。根据以上专家表述，同时结合《关于加快构建现代公共文化服务体系的意见》相关内容，本著认为：公共文化设施社会化运营其核心内涵是在坚持政府主导责任的前提下，引入竞争机制，将政府投资或社会兴建的各类公共文化设施，通过委托或招投标等方式吸引有实力的社会组织和企业参与，由其代为运营和管理，发挥其机制灵活、专业性较强、回应力较好等方面的优势，有效地提升公共文化设施的服务效能。

### （二）几点重要的说明

第一，社会化并不意味着政府责任的降低。公共文化设施具有公益性、公共性和保障性等基本属性。推动社会化运营，核心是要进入竞争机制，核心是提升运营质量和效率。“无论在什么情况，通过市场化和社会化来提供公共文化产品与服务只意味着政府职责的内在结构调整以及履行该职责的方式转变，并不表示该职责的减轻、转移或消失。”[1]即使从西方市场化程度较高的国家来看，公益属性和意识形态色彩较强的公共事业，政府财政支撑力度仍然比较大。例如美国公共图书馆的运行保障经费92%都来自各级政府。[2]

第二，社会化不等于市场化。社会化需要引入竞争机制，但社会化不等于市场化。市场化以经济效益最大化的为导向，社会化以社会效益最大化为导向。公共文化服务设施社会化运营不能离开公益性的宗旨。社会化与市场化的一个重大区别，就是强调了群众的民主权。从新公共服务的角

---

❶ 吕志胜，金雪涛．基于公共财政的公共文化多元化供给模式研究［J］．现代经济探讨，2012（12）．

❷ 李国新．对我国现代公共文化服务体系建设的思考［J］．克拉玛依学刊，2016（7）．

度而言，社会化强调的是要把人民群众当作公民，强调在社会化中的参与和权利的实现，而不是仅仅把人民群众当作顾客，社会化强调决策的民主性、参与主体的多元性、社会效益的最大化。因此，即使是公共文化设施中的经营性部分（如餐饮、培训、休闲等），其根本目的也是更好地提升设施的公共文化服务效能。

第三，社会化有阶段性和条件性。社会化是一个持续不断的渐进过程，并呈现出阶段性的发展特征。公共文化服务社会化的程度取决于地区经济发展水平、社会力量发展水平、文化基础设施建设水平、市民参与意识和制度法律保障等因素。因此，在本著中，推进社会化，并不是意味着全国各地城市、各种层次的公共文化设施都可以社会化，而是需要根据各地实际情况，有步骤、渐进性的推进。与此同时，由于各类别公共文化设施的公益性程度有所区别，不同层级公共文化设施的社会化运营难度和需求也不一样，因此，推进社会化运营，也需要分类别、分层级指导，逐步推进，不可一概而论。

第四，社会化运营并不否认文化事业单位的存在意义。社会化只是公共文化服务发展的一种探索，并不是要全面改革或撤销事业单位。“政府为公众提供的公共服务不一定非由社会或私营部门承担才有效率，关键是公共文化服务的供给要实现以竞争取代垄断”。[1]同时，由于公共文化服务的外部性特征明显，社会力量目前进入的积极性并不高，现阶段社会力量还非常薄弱，短期内不可能替代现有公共文化机构的作用；而且国际经验也显示，即使市场经济发达、社会服务繁荣的欧美国家，也同样拥有完善

[1] 曹军锋．服务型政府建设中的城市公共服务市场化研究［D］．兰州：西北师范大学，2012.

的政府主导的公共文化服务体系。因此，至少在未来很长一段时期，社会化运营将只会是公共文化设施运营的一种有益探索，其发展和成熟还需要一个漫长的过程。

## 三、研究范围的界定

本著研究对象是“城市公共文化设施”。根据对城市公共文化设施的内涵和分类，本著具体的研究范围界定如下。

第一，在设施的公益性界定上：本著只研究纯公益性文化设施、准公益性文化设施，不研究经营性文化设施。因为经营性文化设施无论从土地获取、归口管理，还是从税费征收、营利模式、服务方式等方面，都与前两者有着本质的区别，因此难以按照统一标准进行研究。

第二，在设施的功能类型界定上：城市公共文化设施包括图书馆、博物馆、文化馆（站）、科技馆、纪念馆、体育场、妇女儿童活动中心，街道（社区）基层综合性文化服务中心、广播电视播出传输覆盖设施、公共数字文化服务点以及其他建筑物、场地和设备等。根据当前实践需求的迫切性，以及推进的难易程度，本著重点研究国家文化部系统下的“三馆（站）一中心”，即博物馆、图书馆、文化馆和街道（社区）基层综合文化服务中心。

第三，从设施的分级体系界定。相对于有专项经费、人员编制、专业化较强的省 / 市级文化馆、图书馆和博物馆，社会化运营更容易从基层的、小型的、对专业化要求不太高的公共文化服务设施入手，从而逐渐把握社会化运营的规律和存在的问题。事实上，当前许多的城市公共文化设施社会化运营探索主要是从街道或社区的综合文化服务中心展开的。因此，本研究更侧重对城市基层综合公共文化服务设施的研究与探索。

## 四、研究的主要问题

本著主要研究以下四个方面的问题。

（一）什么是公共文化设施社会化运营

社会化运营已经成为当前公共服务领域的通用语汇。但社会化运营理念根源从何而来，具体内涵是什么，与市场化运营有什么区别，这些问题当前还缺少在学理上的系统梳理。因此，厘清这一理念的来龙去脉，是本著需要研究的首要问题。

（二）为何要推进公共文化设施社会化运营

进入 21 世纪以来，在新型城镇化的推动下，我国公共文化设施获得了快速的发展，硬件建设已有一定的基础。但是由于各种原因，运营效能一直不高。在这种背景下，推动社会化运营就成为一种有益的探索。本著将深入分析需要推动社会化运营的原因、目前存在的问题，并进一步指出社会化运营的价值、意义和目的所在。

（三）怎样能推进公共文化设施社会化运营

这是本著研究的核心问题，也是本著的主体部分。本研究将基于新公共服务理论和多中心治理理论，深入分析在社会化推进过程中，政府部门、社会力量、城市公民三者各自的利益、定位、职能以及相互关系，并将进一步就三方在推动社会化运营中应该采取的策略与措施进行论述。

（四）如何保障公共文化设施社会化运营

社会化运营在当前还是一件新兴的事物，特别是当前在运营主体、运营模式、法律法规和社会舆论等还不成熟之际，应该提供哪些方面的保障

（支撑），才能促进政府部门、社会力量、城市公民等三方的协同合作，形成“政府放心、社会（力量）安心、市民开心”的多赢格局，推进社会化健康可持续发展，这也是本著必须研究的要点。

## 第五节 研究综述

为了充分了解和吸收国内外相关研究成果，本著以公共文化服务、社会化运营、政府服务购买、公共文化供给、城市公共文化设施、公共设施社会化运营、文化治理等为关键词，在CNKI（中国知网数据库）、万方数据资源、百度学术、Web of Science、EBSCO等网络数据平台进行搜索，收集到了400余篇论文，根据研究需要，本著从六个方面对论文进行了归类，并挑选了部分文献进行解读：①国外学者对公共文化设施的研究；②从政府职能转变视角展开的研究；③从社会力量参与视角开展的研究；④从公民参与（自治）视角展开的研究；⑤从各主体关系视角展开的研究；⑥从社会化普适度视角展开的研究。

### 一、国外学者对公共文化设施社会化运营的研究

国外学者特别是市场经济国家的学者较为侧重在文化体制、管理机制、政策创新、文化治理等方面的研究，而具体针对公共文化设施的专项研究较少。从社会化角度来看，更多从公共服务的生产和供给、多元治理，以及公共设施的运行机制、效益评估等方面展开研究。

关于公共服务社会化的基础理论的研究。公共财政学家理查德·马

斯格雷夫（Richard Abel Musgrave）和制度学派的研究将公共物品的“提供”（provision）和“生产”（production）看作是两个有联系但不同的过程与环节。他们认为，“提供”更多涉及经济和管理环节，重要的职责是如何按照公众的需求，利用有限的财政资金，通过有效的安排和组织，能够最大化地提供服务与产品，并加强过程中的监管，保证结果不偏离初始的目的。“生产”更多强调的是技术和制造环节，是一个投入要素形成产品和服务的过程。因此，他们认为提供主体与生产主体是可以分开的，这也为公共服务的社会化奠定了理论基石。美国学者戴维·奥斯本（David Osborne）和特德·盖布勒（Ted Gaebler）认为，政府应该减少公共服务的直接供给，要通过制定政策、提供资金、强化绩效评估等形式，优化企业参与公共服务的条件和环境，吸引更多主体来提供。他们写道：通过到处寻找最有效率和最有效益的服务供给者而使公共管理者解脱出来。这样可以允许他们在服务供给者之间利用竞争，这样也可以为回应不断变化的环境而保持最大的灵活性。

关于公共服务多元治理的研究。美国政治经济学家埃莉诺·奥斯特罗姆（Elinor Ostrom）认为，随着公共服务事务的日趋复杂和公民权益意识与参与渠道的增加，传统单中心的治理模式已经不能适应时代发展和复杂秩序的需要，当前应该激励更多的服务主体参与到公共事务中，形成具有分权性质、多中心的治理结构，从而有效提升公共服务供给的效率和治理的水平。为此，她进一步设计了六种不同的制度安排，包括政府服务外包、特许权经营、消费者自主选择供给者、票券制等。新公共服务理论提出人罗伯特·丹哈特（Robert B. Denhardt）夫妇认为，当今公共服务所面临的最重要问题常常是跨越组织边界、管理权限边界和部门边界的。政府重要的是寻找共识，创造共同利益价值并共同承担责任，并提出不要把公共服务对象当作“顾客”，而是要当作“公民”，要在公共服务中充分体现民主、公民权和公共利益的价值观。

关于公共文化设施与城市关系的研究。德国学者克劳斯·昆兹曼（Klaus R. Kunzmann）从创意城市的角度出发，指出城市文化设施投入有助于提升城市文化形象、增加游客，但认为公共部门的权利和职能在促进文化发展过程中有时会受到限制，而社会组织和中介机构能够凭借其知识和能力协助政策实施。并以柏林为例，阐述了如何通过文化设施建设、创意活动开展以及激活各种的社会力量等方法，让城市冉冉升起。克里斯·吉布森（Chris Gibson）和沙恩·霍曼（Shane Homan）研究了悉尼市中心区公共性的音乐场地和设施减少对城市活力的影响，建议通过资助在城市开阔场所建设公共设施、举办各种免费的现场音乐会，进而提升市区的文化活力和多样性。

关于公共文化设施运营机制的研究。法国学者弗雷德里克·马特尔（Frédéric Martel）深入剖析了美国的文化体制，分析了其博物馆、大剧院、慈善基金会、非营利组织等公共文化设施与文化机构的运营管理模式，并在结论中指出：在美国，非营利组织从事着美国大部分的慈善、医疗、文化、艺术、倡议、教育和研究事业，政府主要通过制定法律法规、税收政策等来对公共文化事业进行支持和监管。他认为这种模式有效地克服了“政府失灵”和“市场失灵”，提升了设施运营的效率，保障美国公共文化服务设施运营的成功。里昂·艾瑞士（Leon E. Irish）、莱斯特·萨拉蒙（Lester M. Salamon）和卡拉·西蒙（Karla W. Simon）以英国、法国、德国、新西兰、美国等国家为例，分析了政府向社会力量购买公共服务（包括公共文化设施等）的全球经验。

关于公共文化服务设施的财政供给。在世界发达国家例如美国其公共文化设施运营更多是依靠基金会、社会组织等力量，政府财政资金一般只占到设施运营经费的三分之一左右，而且有较为明确的法律和制度保障，运行比较成熟，所以这方面国外专家研究相对不多。从文献看，保罗·萨缪尔森（Paul Samuelson）对公共文化的财政供给问题进行了探讨，他提出公共文化产品具有两个基本属性：消费的非竞争性和受益的非排他性。认为这种属性的存在，让公共服务很难依靠纯粹的市场机制，政府必须要进行组织推动和利益协调，但并不是直接生产服务和产品，而是更多应该是政策制定和优惠补贴。

关于公共文化设施运营效益的评价方法。圣路易斯公共图书馆（St. Louis Public Library）提出了综合采用消费者剩余法（Consumer surplus，CS）和意愿支付调查法（Contingent Valuation Methord，CVM），用这两种方法评估圣路易斯公共图书馆的读者利用图书馆服务和第三方替代性服务之间不同的支出节省。斯万希尔德·阿博（Svanhild Aab）采用 CVM 方法，以挪威国家图书馆价值为评估对象，选取了图书馆用户和非用户在的社会公众，收集相关数据进行了评估研究；菲利普·希德（Philip Hider）综合采用 CVM 和选择模型（Choice modeling，CM）方法，对澳大利亚沃加市图书馆的社会效益开展了评估。

## 二、从政府职能转变视角展开的研究

推动公共文化设施社会化运营是文化体制改革的重要组成部分，政府在其中发挥着主导作用，决定社会化探索的速度和成败。因此，当前大量学者从政府职能转变的视角，对文化设施的社会化运营进行了研究。

一些学者立足提升公共服务的供给效率，对社会化必要性进行研究。

肖鹏（2007）认为，公共服务的建设离不开政府的主导和财政的支撑，但政府亦可通过服务购买、减免税费、健全机制、完善法律等形式，积极激发社会力量参与积极性，构建政府与社会的分担机制，推进供给主体的多元化。[1]傅才武、陈庚（2009年）研究和评价了政府部门、市场主体、文化单位三者间行为方式、作用范围的差异以及相互关系，并认为随着时代变迁，文化单位与市场结合将日趋紧密，市场（社会）将会发挥更大的资源配置和服务供给作用。[2]张永新（2014）认为，政府在文化供给中要转换职能，处理好公共文化服务体系建设中政府、市场、社会之间的关系，改变政府过去角色定位不清、大包大揽的做法，要将政府工作重心放到制定法规政策、调配资源、实施监管、营造环境上来。[3]祁述裕（2015）在《构建现代公共文化服务体系应处理好的若干关系》认为要处理好政府和市场的关系，积极运用政府购买服务、服务外包、定向补助、委托经营等多种形式，积极引导市场力量参与到公共文化产品的设计、生产、供给中，参与到公共文化设施的管理运营中，进而优化供给质量与效率。

一些学者立足政府服务购买，对社会化问题进行研究。在社会化购买合理性上，巫志南（2015）认为，市场主体最大的价值诉求就是“营利”，但其提供的产品经过政府购买、税费补贴等环节的转化，就具备了“公共”性质与“公益”目的，社会化并没有改变公共文化服务的基本属性。[4]在购买模式上，李军鹏（2013）提出了合同外包（在政府付费的情况下引

---

[1] 肖鹏．公共服务提供的政府与社会分担机制研究［J］．财政研究，2007（3）：57-60.

[2] 傅才武，陈庚．三十年来的中国文化体制改革进程：一个宏观分析框架［J］．福建论坛（人文社会科学版），2009（2）：105-115.

[3] 张永新．构建现代公共文化服务体系的重点任务［J］．行政管理改革．2014，4（4）：38-43.

[4] 巫志南．为社会力量参与公共文化服务提供指引和路线图［N］．中国财经报，2015-04-23.

入市场机制）、公私合作（政府与企业、其他社会力量联合生产公共服务的模式）、政府补助（政府对生产者实施补助）、凭单制（消费服务券或代用券）几种模式。[1]周兰翠（2014）提出了包括体制内项目购买（建立起政府内部竞争性虚拟市场）、服务外包制、政府特许经营制、委托代理制、采购配送制等政府购买公共文化服务实践形态。[2]在购买内容上，国内相关研究主要将其划分为购买公共文化服务项目和公共文化服务人员两种，例如牛华（2014）认为，项目购买是目前各地购买的主要形式，同时也有针对服务人员的购买。[3]在保障机制上，杨宝、王兵（2011）就购买公共服务主体间的独立性、过程监督等方面进行了论述。[4]

一些学者对国内外典型案例进行研究，提出社会化运营模式的参考建议。于晗、赵萍（2014）分析了日本在公共文化设施运营中的做法，探讨了日本公共文化服务体系的运营模式——“指定代理制度”（DMS），即允许政府将公共设施（如博物馆、公民馆、公共图书馆等）的运营权，通过特许经营等形式外包给私营部门。认为该制度将竞争机制引入了公共设施运营领域，有效激发了政府部门的经济效益意识，提高了文化管理的透明度。[5]冯庆东（2015）系统地介绍了美国公共文化服务建设的经验，认为其具有政府进行间接扶持、行业协会自律管理、社会投入成为主要渠道、理事会制度广泛建立等特点，提出我国要深化公共文化单位内部改革、建立公共文化机构理事会制度、加大扶持社会办公共文化的力度、积极打造

---

[1] 李军鹏．政府购买公共服务的学理因由典型模式与推进策略［J］．改革，2013（12）．

[2] 周兰翠．政府购买公共文化服务：理论逻辑与实践形态［J］．地方财政研究，2014（4）．

[3] 牛华．我国政府购买公共文化服务发展现状与价值探析［J］．公共管理，2014（5）．

[4] 杨宝，王兵．政府购买公共服务模式的中外比较及启示［J］．甘肃理论学刊，2011（1）．

[5] 于晗，赵萍．日本公共文化服务的多元化供给及运营模式［J］．哲学与人文，2014（6）．

公共文化群众需求和评价平台等建议。[1]孙军（2014）详细介绍了无锡新区图书馆、文化馆整体运行管理社会化以及单项文化服务社会化中，采取的“课题式设计、社会化购买、项目式管理、制度化考核、双轨制运营、多元性孵化”的具体做法，并提出社会化发展未来要扩大市场、争取政策、完善标准、科学监管等环节。[2]徐清泉梳理了上海社区文化活动中心的做法，总结了全委托管理、场地设施或文化活动项目的部分委托管理和街道直接管理等是三种模式，认为无论选择何种模式，核心是要达到专业化，即在主体资质、人员资历、治理结构、项目策划实施、成本控制、服务水准、绩效评估等各个方面，都要达到专业化水平。[3]易斌、郭华、易艳（2016）结合我国实践案例，阐述政府购买图书馆运营服务的概念以及构成要素，从政府承担、定项委托、合同管理、评估兑现四个环节分析政府购买图书馆运营服务模式。[4]

## 三、从社会力量参与视角开展的研究

一些学者重点研究了如何健全公共文化服务机构的法人治理结构。祁述裕、张祎娜（2015）[5]认为，建立法人治理结构是深化公益性文化事业单位改革的必然要求。并提出要做好四项工作：一是建立理事会，实现

---

[1] 冯庆东．美国公共文化服务体系建设与管理的主要特点及启示［J］．人文天下，2015（8）．

[2] 孙军．无锡新区公共文化服务社会化实践分析［J］．文化艺术研究，2014（10）．

[3] 徐清泉，郑崇选．上海公共文化服务发展报告（2016）［R］．上海：上海社会科学院出版社，2016：1–18.

[4] 易斌，郭华，易艳．政府购买公共图书馆运营服务的内涵、模式及其发展趋向［J］．图书馆，2016（1）．

[5] 祁述裕，张祎娜．建立公益性文化事业单位法人治理结构，落实法人自主权［J］．人文天下，2015（2）．

共同治理。二是处理好理事会与党委、文化行政部门、运营管理层等之间的关系；三是要健全与文化事业单位法人治理结构相配套的政策支撑体系；四是要建立和完善事业单位的社会监督机制和绩效考核体系。肖容梅（2014）以中央编办与深圳市合作的法人治理结构试点单位——深圳图书馆为例，总结了从2007年启动以来取得经验，分析存在的问题，并就下一步完善理事会构成机制、推举机制、决策机制和监督机制等进行了探讨。[1]金武刚（2014）系统分析了大英图书馆理事会的建立依据、成员构成、任命办法和理事职责等内容，并指出议会、政府主要通过专门立法、理事任命、财政拨款、审计监察和信息公开等途径，全方位监管大英图书馆的运行与治理。[2]

一些学者关注于文化类社会组织的主体培育、参与运营。郑崇选（2016）认为，文化类社会组织可以有效弥补“市场失灵”和“政府失灵”，因此应该积极引导和鼓励其参与到设施运营、活动开展、产品提供等各个环节中，充分发挥其专业服务、志愿精神与资源调动能力，丰富公共文化服务供给。但目前还没有形成发展的长效机制和有效的制度安排，建议未来加强顶层设计，放宽文化类非营利组织的准入门槛，健全政府购买服务机制，在社会建设领域逐步建立和完善社会组织的相关制度。[3]李国新（2015）指出，文化类社会组织它在资源动员、服务提供、活动实施、运营管理等方面具有专业化的能力和独特的作用，并列举了东城区街道图书馆、无锡新区文化馆社会化运营等案例，同时提出了加强对社会组织正面宣传、简化注册登记手续、强化社会监督与政府监管、引导和

---

[1] 肖容梅．深圳图书馆法人治理结构试点探索及思考［J］．中国图书馆学报，2014（5）．
[2] 金武刚．大英图书馆的法人治理结构［J］．国家图书馆学刊，2014（4）．
[3] 郑崇选．文化类非营利组织培育与现代公共文化服务体系建设［J］．上海文化，2014（12）．

指导文化类社会组织建立健全内部治理结构等建议。[1]梁立新（2014）基于近年来浙江省公共文化服务社会参与的实践，分析了社会化运营的重要价值，并提出政府应加大投入机制、运营机制以及约束机制的创新。[2]祁述裕（2016）阐述了设立基金会、独立兴办文化实体、自主参与型、捐赠赞助公益文化活动、参与政府购买服务、“民办公助”与“民享政补”等社会力量参与公共文化服务的路径。[3]

一些学者讨论了企业力量参与社会化运营的问题。刘吉发、吴绒、金栋昌（2013）以分析企业供给的价值诉求为基点，探讨了企业参与的现实可能性，并提出了四种参与的路径选择，即政企合作供给、捐赠赞助、承接项目、参与经营管理公共文化事务等。[4]林敏娟（2013）基于对浙江省的问卷调查，指出企业规模、认知程度与企业参与行为和意愿之间，具有一定的正相关关系，民营企业对参与形式的选择顺序分别为捐助、政企合作、企业自办和承包经营，运营过程中要关注民营企业利益导向的实际，吸收合理动机，使其行为能满足各方面的要求。[5]

---

❶ 李国新．文化类社会组织是政府购买公共文化服务的主要力量［J］．中国社会组织，2015（11）：14–15.

❷ 梁立新．公共文化服务社会力量参与：价值体现与机制创新——基于浙江实践的思考［J］．浙江工贸职业技术学院学报，2014（1）：88–92.

❸ 摘自祁述裕微信公众号“祁文共赏”“社会力量参与公共文化建设的六大路径”，2016年7月13日。

❹ 刘吉发，吴绒，金栋昌．公共文化服务供给的企业路径：治理的视域［J］．技术与创新管理，2013，34（5）．

❺ 林敏娟．企业认知、政企互动与民营企业参与公共文化服务［J］．统计与决策，2013（6）：182–185.

## 四、从公民参与（自治）视角展开的研究

公民参与也是学者较为重视的领域。毛少莹（2007）认为，随着公民社会（civil society）兴起，公民的文化权利逐渐受到重视，表现在文化行政与文化政策上，即是在公共文化服务的重要议题上，如何拓展民间参与，甚至以民间为主导，围绕满足公民的文化权利提供公共文化服务，成了核心的价值观念；[1]张帆（2008）认为，应通过灵活的制度安排，建立民主决策机制（例如图书馆管理委员会等），不断提升专家、非政府组织及公民个人在公共决策中的参与度。[2]姜亦凤（2008）认为，公民参与到体系构建中，有利于保障公民的基本文化权益，有利于增强服务的普适性和亲和力，并认为公民参与不能替代政府的主导地位，公民主要参与方式有关键公众接触、公民会议、咨询委员会、公民调查、由公民发起的接触、协商和斡旋等。[3]芦苇（2013）认为，公民参与公共文化服务评估有助于改善公共服务提供部门的服务质量，并基于马克·霍哲的公民介入框架，并提出公民参与评估应体现于在评估项目上有发言权、参与制定公共文化发展的规划和目标、参与设计评估的指标、评估结果向公民公布、公民参与改进公共文化评估等。[4]肖丹、徐伟（2015）以朝阳区文化馆建立基层文化自治组织“文化居委会”为例，探讨了以政府为主导与基层协商民主相结合的创新模式，并论述了这种模式在群众自我管理、自我服务、自我教

---

[1] 毛少莹.发达国家的公共文化管理与服务［J］.特区实践与理论，2007（2）.

[2] 张帆.我国城市公共文化服务建设研究［D］.上海：上海交通大学，2008.

[3] 姜亦凤.我国公共文化服务体系构建中的公民参与研究［D］.青岛：中国海洋大学，2008.

[4] 芦苇.公共文化服务评估中的公民参与度探讨：基于马克·霍哲的公民介入框架［J］.新余学院学报，2012（6）：9-11.

育、自我监督中作用和实践效果。[1]徐清泉（2016）指出，要发挥社区自治组团的作用，并提出了推进以社区居民为主导的文化团队建设、建立居民文化团队的自我管理机制、构建文化志愿者网络等策略。[2]

## 五、从各主体关系视角展开的研究

一些学者重点讨论了政府部门、社会力量、公众之间的相互关系。易斌、郭华、易艳（2016）认为，政府通过服务购买，吸引社会力量参与图书馆运营，是一种“政府承担、定项委托、合同管理、评估兑现”的新型公共服务供给模式，其三者互动关系如下（见图 1–2）。[3]

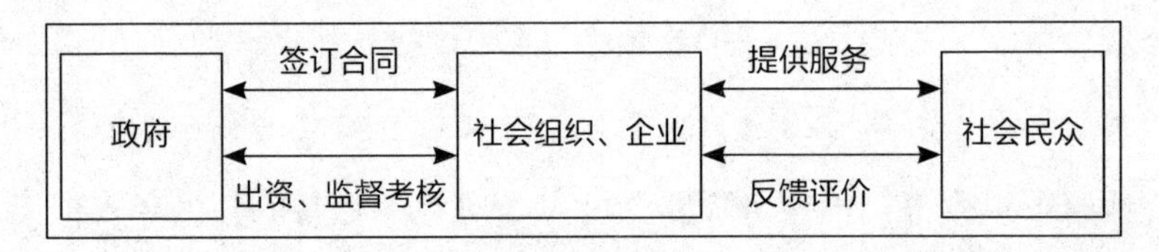


图 1–2　政府、社会组织（企业）、社会民众互动关系

刘吉发、吴绒、金栋昌（2013）设计了公共文化服务的供给过程中，文化企业与政府、文化事业单位和社会组织构成的“双向互动”机制（见图 1–3）。[4]

---

❶ 肖丹，徐伟．朝阳区文化馆探索社区民主自治组织［J］．人文天下，2015（1）：25–28.

❷ 徐清泉，郑崇选．上海公共文化服务发展报告（2016）［R］．上海：上海社会科学院出版社，2016：38–55.

❸ 易斌，郭华，易艳．政府购买公共图书馆运营服务的内涵、模式及其发展趋向［J］．图书馆，2016（1）：19–24.

❹ 刘吉发，吴绒，金栋昌．公共文化服务供给的企业路径：治理的视域［J］．技术与创新管理，2013（5）.

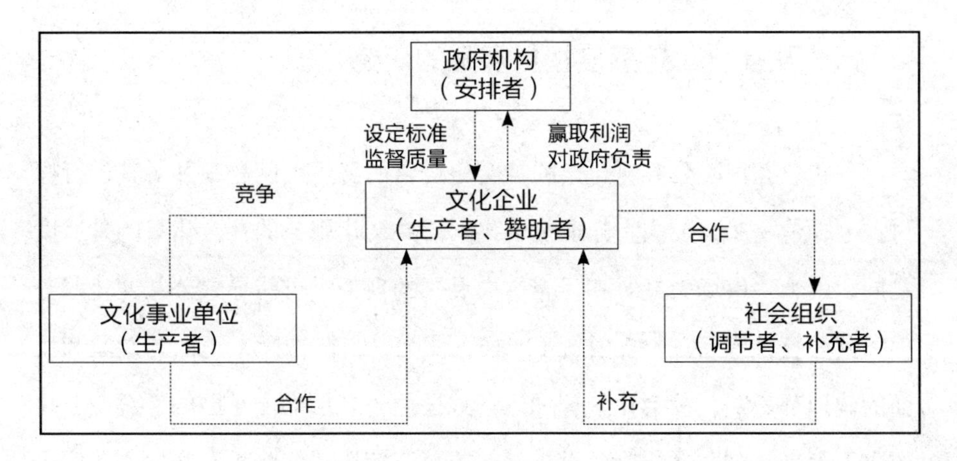


**图 1-3 文化主体间“双向互动”机制示意**

邓斌超（2014）研究了 PPP 模式下的公共文化项目建设经营过程中相关利益主体的博弈及其补偿问题，指出在 PPP 模式下，公共文化项目的相关利益主体从传统的政府行政部门、项目建设管理代理方、社会公众三者之间的委托代理关系，变成业主方和私营建设经营方两者之间利益博弈问题。[1]徐清泉（2016）认为，如果说经济体制改革的核心是处理好政府与市场的关系，那么，促进公共文化服务社会化发展核心是就是要处理好政府与各类主体的关系，要在强调政府主导作用的同事，注重发挥各类主体的积极作用，推动政府和各类主体在公共文化服务中功能互补、形成合力。[2]

---

❶ 邓斌超 . 公共文化设施项目建设运营博弈机理研究［D］. 天津：天津大学 .2014.

❷ 徐清泉，郑崇选 . 上海公共文化服务发展报告（2016）［R］. 上海：上海社会科学院出版社，2016：19-37.

## 六、从社会化普适度视角展开的研究

一些学者担心公共文化设施社会化运营的普适度问题，并对其进行探讨。毛少莹（2014）认为，现阶段我国公共文化服务的社会化只能是适度发展。因为“市场失灵”和“志愿失灵”的现象，可能导致公共文化服务偏离其公益性宗旨。[1]李国新（2016）认为，目前国际上正面的经验和反面的教训都表明，社会化管理和运营只适用于基层的、小型的、对专业化要求不太高的公共文化服务设施，并非普遍使用。要防止有些地方政府重蹈以文养文、以文补文的路子，把社会化发展异化为“一包就灵、一买就灵”。王全吉（2016）认为，目前众多的文化馆（公共文化设施）不太可能采取整体外包，因为存在三个方面的障碍：首先是文化馆干部的去向如何安排，其次在文化艺术领域社会人员不一定比文化馆干部专业，最后是社会人员能否担当起艺术创作、文艺辅导等专业性很强的工作。易斌、郭华、易艳（2016）认为，政府始终是图书馆等公共文化设施建设与运营的主导，社会力量参与难以变成主流的运营模式，并认为新建的、基层的图书馆，将是社会化运营的主要对象。因为其规模不大、经费匮乏、机构设置较难，同时新建图书馆没有历史包袱。[2]

---

[1] 毛少莹，等. 公共文化服务概论［M］. 北京：北京师范大学出版社，2014：295.

[2] 易斌，郭华，易艳. 政府购买公共图书馆运营服务的内涵、模式及其发展趋向［J］. 图书馆，2016（1）：19-24.

## 七、对已有研究成果的分析与评价

从当前对公共文化设施社会化运营的研究来看，主要有以下特点。

第一，从研究立场来看，尽管研究者对何种类别、何种层级的公共文化设施可以进行社会化运营并没有统一的意见，但绝大多数学者都认为推进公共文化设施的社会化运营具有重要意义，有利于推动政府在文化服务供给中，由管理型向服务型转变，由全能型向有限型转变，使政府不再担当公共产品和服务的唯一提供者，更好地扮演促进者、管理者和监督者角色。

第二，从研究视角来看，由于我国公共文化服务建设的主导者一直是政府，因此目前在推动公共服务社会化的研究视角上，更多是从政府转变职能的角度出发，研究政府在这个过程中如何进行政策引导、资金支持、考核评估、监督管理等，而从社会力量、公民参与、相互关系等角度研究的文章并不多。

第三，从研究深度来看，理论滞后于实践。其实在江苏、浙江、上海等一些地区，公共文化设施社会化运营实践已经开展了较长时间，虽然一些从业者从案例介绍和经验总结的角度进行论述，但学术界对这方面的实践至今没有系统化的分析与学理上的梳理，缺少对实践的理论回应，更遑论理论引导实践。

第四，从研究方式来看，目前主要是通过公共物品理论、公共管理理论和第三方选择理论等西方理论来定性地阐述社会化发展的内在要求、价值意义等，缺少从我国国情、文化传统、具体案例等方向出发，归纳总结出具有中国特色的、切实可行的指导理论或实践方法，还缺少较强的落地性和指导性。

根据当前的研究情况，本著认为，在进一步研究中，有四点需要注意：①在研究立场上，在承认政府主导的同时，应从“政府立场”转向“公益立场”，要充分关注和促进政府部门、社会力量（企业、社会组织等）、民众等之间的协同合作的关系，着力构建一个利益动态平衡、多方合作共赢的“公共文化服务社会化的生态圈”，或者是公共文化服务的利益共同体。②在研究视角上，应有全景化的视角，系统性地研究在社会化过程中，政府、社会力量、民众之间的角色定位、主体责任以及相互之间的关系，研究各方如何定位和协作才能达到更好的效果。③在研究深度上，要在保持全局视野的条件下，充分深入的研究个案，深入地剖析问题，总结出各个参与主体主要诉求、面临的困难，要提出具有可操作性、引领性的建议。④在研究方式上，应尽量用案例说话，用数据说话，用归纳总结的办法，为实践提出具有普遍性的参考建议，为促进公共文化设施社会化运营提供更多的理论支撑。

## 第六节　研究方法

文献资料法——通过收集和分析近十年来国内外有关公共文化服务社会化、公共文化设施社会化运营的相关文献，包括期刊、专著、论文、政策，以及相关研究发展报告等，以了解这个领域研究的基本观点和最新成果。

实地调研法——为了获得更真实的一手材料，在写作过程中，将对北京、上海、无锡、宁波、南京、杭州、重庆、大连、沈阳等城市进行实地调研。特别是要对无锡文化馆和图书馆、上海塘桥社区文化中心、金海文化艺术中心、浦东上上文化服务中心（企业）、宁波民办博物馆、重庆少数花园等基地进行调研，对主要负责人进行深入访谈，了解政府、社会力量和民众的想法与困惑。

比较研究法——通过分析具有不同文化传统和经济社会条件的国家与地区在公共文化服务设施运营管理中的理论和实践，运用对比的方法在众多差异性之中寻找共性原则，以求获得具有更广泛适应性的解决方案。

个案研究法——选取我国城市公共文化设施社会化运营实践中较成功的探索，将其作为典型性案例，“解剖麻雀”，分析其做法和模式，从中发现当前推动社会化的难点和瓶颈，以便为理论构建提供具体的案例支撑。

系统分析法——公共文化设施社会化运营涉及公共部门经济学、公共管理学等多门学科，涉及政府部门、社会力量、民众等多方主体，是一个复杂的系统运作过程。本著将以系统思维为指导，积极利用分类别、分阶段、分层次、分地域的方法，对我国城市文化设施的社会化问题进行系统研究，并力图找到系统性的解决办法。

## 第七节 基础理论

### 一、新公共管理理论

当代西方以“新公共管理”或“管理主义”定向的政府改革往往被人描述为一种追求“三 E”（Economy，Efficiency，Effectiveness，即经济、效率和效益）目标的管理改革运动。其起源于英国、美国、澳大利亚和新西兰，并逐步扩展到其他西方国家乃至全世界。[1]新公共管理是对传统层级制、官僚制管理体系的一次颠覆性变革，虽然不同国家对其的称谓有所差异，例如英国称“管理主义”、美国称“企业家政府”、另一些国家称“市场导向性公共行政”“后官僚模式”，但其内在的根本导向是重新界定政府与市场的关系。更准确地说，传统政府管理模式在经济全球化、社会信息化和国际竞争加剧的冲击下，其不断扩张的费用支出、行政效率的低下以及严重的信任危机，已经难以适应新时代的需求，政府需要寻找一种能化解危机、更有效率的管理模式。受到现代经济学和私营企业的管理理论的启示，一些学者提出重新定位政府的职能，将私人部门的管理手段和市场激励机构引入公共部门和公共服务之中，推动公共服务的专业化、市场化，形成一种以顾客为导向、市场竞争机制为基础的公共行政管理模式，借以提升公共事务管理水平和公共服务质量。相对于传统的模式，其主要理论主张如下：

第一，决策和执行适度分离，政府职能由“划桨”转为“掌舵”。这是新公共管理理论与传统公共行政管理理论的重大变革之一。所谓“掌舵”就是指政府的核心职能是制定政策、健全法律、做好决策，为公共服务指引方向，而不是“划桨”，做好具体的服务性工作。就是政府要改变过去事事亲力亲为、专业化程度不高、效率较低的服务供给状态。

第二，政府应该广泛采用授权和分权的方式进行管理。新公共管理理论认为，政府应将社会服务和管理的权限通过参与或民主的方式下放到社区、家庭和志愿者组织等社会主体。因为与集权的机构相比，授权或分权

---

[1] 彭未名，邵任薇，刘玉蓉，朱志惠．新公共管理［M］．广州：华南理工大学出版社，2007：26.

的机构更灵活、更有效效率、更具创新精神。

第三，政府应该在公共管理中引入竞争机制。新公共管理理论提出，政府要积极变革传统的服务供给方式，增加成本意识，积极利用市场力量。应该激励私营部门与其他社会主体参与到公共服务供给中，在公共部门与私人部门之间形成公平有序的竞争，进而提高公共服务的供给数量与质量。

第四，政府应树立顾客意识，建立顾客驱使机制。新公共管理理论认为，政府不应是“凌驾于社会之上的、封闭的权威官僚机构”，[1]而是富有责任的“企业家”，公民则是“顾客”或“客户”，政府的社会职责是根据顾客的需求提供服务，从传统的“管治行政”专向“服务行政”，是以顾客为本的服务提供者。

第五，政府应官方采用私营部门管理技术。与传统行政管理排斥私营部门管理技术不一样，新公共管理理论解构并超越了诸多传统的行政管理理念和方式，更多地采用了企业管理的技术，用私营部门管理的模式重塑公共部门管理。例如战略管理、绩效考核、人力规划、矩形组织等。

整体而言，新公共管理是西方发达国家为解决政府现实管理问题、迎接后工业社会和经济全球的挑战而进行的政府管理革命。新公共管理范式改变了传统公共行政学得研究范围、方法、理论基础和实践模式，展现了当代西方公共管理的发展趋势和研究成就。[2]但其理论也有内在问题，主要的批评观点认为：以市场机制解决公共问题基本上违背了政府存在的目

---

❶ 刘华．新公共管理综述［J］．攀枝花学院学报，2005（2）．

❷ 叶响裙．公共服务多元主体供给：理论与实践［M］．北京：社会科学文献出版社，2014：16-18.

的。[1]忽视了政治过程和市场过程、公共部门与私人部门之间的本质差别。索罗斯在《全球资本主义的危机》中说："全球资本主义最大的缺陷之一是容许市场机制和利润动机渗透了原来不应该出现的活动范围之内。"[2]确实，如果市场的逐利性吞噬了政府存在的基本前提——追求公共性与公益性的价值，那么就会引发政府存在的合法性与伦理问题，甚至可能造成社会动荡。正是由于这种对新公共管理理论的批判与反思，新公共服务理论应运而生。

## 二、新公共服务理论

新公共服务理论的主要代表是美国著名公共行政学家罗伯特·B. 登哈特夫妇他们对新公共服务理论进行了系统的阐述，认为新公共服务是一场基于公共利益、民主治理过程的理想和重新恢复公民参与的运动，提出应"将民主、公民权和公共利益的价值观重新肯定为公共行政的卓越价值观"。[3]相对于新公共管理理论，新公共服务理论"将公民置于整个管理体系的中心"[4]，更加突出地强调了政府的公共责任和公民参与的重要性。他们认为政府在公共事务管理中的工作重点，既不是"划桨"（负责具体服务工作），也不是"掌舵"（制定政策、做出决策等），而是服务，为公民提供符合其愿望、要求和利益的服务，并要强化建立合作性的组织机构，

---

❶ 刘华. 新公共管理综述［J］. 攀枝花学院学报，2005（2）.

❷ 同❶.

❸ 珍妮特·V. 登哈特，罗伯特·B. 登哈特. 新公共服务：服务，而不是掌舵［M］. 方兴，丁煌，译. 北京：中国人民大学出版社，2010.

❹ 朱考金，李晓广. 我国服务型政府建设路径优化再思考：基于新公共服务的理论视角［J］. 四川行政学院学报，2013（10）：20.

分享权威和减少控制，让更多公民参与公共事务管理，共同享有领导权。新公共服务理论基本观点如下：

第一，将服务对象当作“公民”而非“顾客”。这是新公共服务理论最本质的特点。新公共服务理论提出，公共利益不是由个人的利益集聚而成，而是产生于一种基于共同价值观的对话。[1]公共行政不仅是要了解服务对象的需求，更重要的是，要鼓励更多的人认识到自己公民的身份，增强文化权利意识，履行文化义务，积极参与公共服务事务，通过协商与对话，充分形成公共价值共识，汇聚发展的合力。

第二，追求公共利益，要将公共利益当成目标而非副产品。新公共服务认为要重新肯定公共利益在政府服务中的中心地位，并且政府要在确保公共利益实现的过程中扮演关键角色，要建立协商的舞台，“不断努力与民选的代表和公民一起去发现和明确地表达一种大众的利益或共同的利益并且要促进政府去追求那种利益”，[2]而且要保障过程符合民主规范和正义、公正与公平的价值观。

第三，重视公民权胜过重视企业家精神。新公共服务理论认为，鼓励公务员采取企业家的行为方式和思维方式，会导致一种十分狭隘的目的观——即所追求的目标只是在于最大限度地提高生产率和满足客户的需要。[3]但实际上，公共行政真正重要的不是所做的工作多么有效率，而是如何更好地保障公民权和实现公共利益。在这个过程中，有责任心的公务

---

[1] 刘帅，王芃．新公共服务理论对我国政府在社区体育管理中职能定位的启示［J］．福建体育科技，2013（6）．

[2] 珍妮特·V. 登哈特，罗伯特·B. 登哈特．新公共服务：服务，而不是掌舵［M］．方兴，丁煌，译．北京：中国人民大学出版社，2010：59.

[3] 丁煌．当代西方公共行政理论的新发展：从新公共管理到新公共服务［J］．广东行政学院学报．2005（12）．

员可能比企业家式的管理者做得更好。

第四，责任并不简单。新公共服务理论认为，相对于传统理论中公共行政官员对政治官员负责、新公共管理中对效率和成本—收益的表现负责，新公共服务中的责任问题极为复杂，因为新公共服务的核心目的是实现公民权与公共利益。这要求公务员成为公共利益的引导者、服务员，而不是企业家；要坚持法律、道德、正义及责任，而不仅仅是简单的市场规则和服务效率。

第五，政府的职能是服务，而不是“掌舵”。新公共服务理论提出，服务是行政管理的本质，政府应该通过担当公共组织的保护者、公民权和民主对话的促进者等角色而不是政策的开发者和企业家来为公民服务。从政策开发的角度而言，政府更多的要从控制者向协调者与引导者转变，让相关各方参与其中，通过协商与博弈实现公共利益的最大化。

第六，重视人，而不是生产效率。新公共服务理论认为，如果我们不给予一个组织中个体成员的价值和利益以足够的关注，那么可能很难发挥个体主动性实现最佳的效率，并认为推动个体参与公共服务的动机的核心要素是：人的尊严、信任、归宿感、关心他人、共同的理想和利益。因此，相对于传统管理利用控制来实现效率、新公共管理利用激励来实现生产率，新公共服务更多是基于个体为响应公共价值、忠诚、公民权以及公共利益而行动的理念。

整体而言，新公共服务理论的核心观点是追求公共利益，奉行服务理念，彰显公民权利、公民意识和公民价值，强调民主对话、沟通和协商基础上的政府与社会、民众的信任和合作共治；政府的作用不是控制或激励，而是服务。民主的观念和崇尚公民权和公共利益的观念，不仅应贯串于公共行政的运作中，而且应在行政组织内部牢固加以确立。[1]新公共服务理论是对新公共管理理论的扬弃，是在批判和继承的基础上，创新性地提出和建立的一种更加关注民主价值和公共利益，更加适合现代公共社会和公共管理实践需要的理论选择。[2]新公共服务理论的提出，为世界各国的公共行政提供了新的理论依据与实践指导。

## 三、多中心治理理论

多中心治理理论是以美国埃莉诺·奥斯特罗姆（Elinor Ostrom）与文森特·奥斯特罗姆（Vincent Ostrom）夫妇为核心的一批学者创立的。这些学者认为，集权制和分权制都有无法克服的缺陷，集权制增加管理过程的信息成本和策略成本，并容易滋生寻租和腐败；分权制则难以避免制度缺失和规避责任。[3]因此，在对城市公共事务如教育、文化、交通等机构进行了深入的实证考察之后，奥氏夫妇创新性地提出了多中心治理理论。

理解多中心的含义是理解多中心治理理论的基础。“多中心”（Polycentrity）的概念最早是由迈克尔·波兰尼1951年在《自由的逻辑》（*The Logic of Liberty*）一书中提出来的。波兰尼在书中区别了组织社会任务的两种方法或者两种秩序：一种是由上下指挥链条维系着的一元化单中心秩序（又叫指挥秩序）；另一种是多行为主体相互独立、但又受到一般社

---

[1] 李治．从新公共管理到新公共服务的理论发展［J］．湖北社会科学，2008（5）．

[2] 宿丽霞．民主公民权看新公共服务中的服务：新公共管理理论和新公共服务理论比较［J］．山东省农业管理干部学院学报，2007（6）．

[3] 刘建军．和而不同：现代国家治理体系的三重属性［J］．复旦学报（社会科学版），2014（5）．

会规则体系或特定规则制约因而能相互调试与合作的多中心秩序。[1]在公共治理中，“多中心治理”即是社会多元的独立行为主体基于一定的集体行动规则，通过相互博弈、相互调试、共同参与合作等互动关系，形成多样化的公共事务管理制度和组织模式。[2]多中心治理理论目前还未达到成熟，综合学者的研究，主要有以下共识。

第一，公共物品有其特殊属性，应该由政府主要提供。在多中心治理理论中，虽然反对传统科层性的垂直管理体系，但也承认，公共物品存在的非竞争性、非排他性的特性，让市场难以保障有效供给。因此，多中心治理仍然强调政府在公共服务中的主体责任，应该由政府进行保障。

第二，多中心治理的主体是复合主体。在多中心政治体制中，任何一个决策机构或部门都没有绝对的合法垄断权，多个中心分享着有限且相对自由的专有权，平等地参与到公共事务的决策与管理当中。他们虽然相对独立，但是能够相互调试，进而达成意见与利益的统一。

第三，政府需要改变角色与任务。在公共物品的生命周期中，在着三个角色，分别是消费者、生产者、连接消费者与生产者的中介者。在公共物品的生产中，这三个角色由不同的主体来承担。政府要从公共物品主要提供者的角色，转变成为公共物品事务中一个中介者，在多中心治理模式下，扮演政策制定者、制度设计者、市场管理者的角色。[3]

第四，多中心治理理论主张决策下移。与传统公共行政理论强调自上而下的科层制不同，多中心治理理论反对权威和垄断，崇尚自主治理和决

[1] 张振华．公共领域的共同治理：评印第安纳学派的多中心理论［J］．中共宁波市委党校学报，2008（3）．

[2] 张菊梅．公共服务公私合作研究：以多中心治理为视角［J］．社会科学家，2012（3）．

[3] 杨慧．多中心治理理论视阈下公共文化服务体系建设研究：以湖北省咸宁市为例［D］．南宁：广西师范学院，2013.

策下移，将决策的权力交给公共利益最相关的群体，决策的依据主要是其利益诉求，并不取决于上层领导或所谓专家的意见。

多中心治理理论由于强调自主治理，多中心参与，所以常常会引起决策权力分散、协调难度较大、决策效率不高等问题，因此需要以宪法和法律为前提，采取科学的制度设计和政策安排，强化制度供给、可信承诺和相互监督，有效地遏制集体行动中的机会主义、威权主义，进而形成多中心间紧密合作、协同共赢的合理秩序，最终达到公共利益最大化与多样化的目标。

# 第二章　城市公共文化设施社会化运营现状、问题与经验借鉴

## 第一节　城市公共文化设施社会化运营现状

### 一、我国公共文化设施运营发展历程

公共文化设施是构建现代公共文化服务体系的基础保障。新中国成立以后，我国公共文化设施取得了重大建设成就，基本上构建起了六级公共文化设施保障体系。截至 2018 年年末，全国共有县级以上公共图书馆 3176 个，实际使用房屋建筑面积 1595.98 万平方米，图书总藏量达到 103716 万册，平均每万人公共图书馆建筑面积 114.4 平方米；全国共有群众文化机构 44464 个（其中乡镇综合文化站 33858 个），实际使用房屋建

筑面积 4283.09 万平方米，平均每万人群众文化设施建筑面积 306.95 平方米；全国共有博物馆 4918 个，文物藏品 3754.25 万件 / 套，举办陈列展览 27919 个。[1] 整体来看，公共文化设施的巨大发展为我国公共服务的发展奠定了坚实的物质基础。

从公共文化设施的管理运营来看，长期以来，我一直采取的是政府垄断供给的模式。但随着人民收入水平的日渐提升，人民群众希望政府能提供更加丰富和多样的公共文化产品；同时，随着社会主义市场经济体制改革和文化体制改革的深入推进，我国公共文化设施的管理和运营也需要顺势调整。在这种背景下，引入市场竞争机制和调动社会力量的参与，推进公共设施的社会化运营，已经成为公共文化服务发展的重要趋势。纵观我国公共文化设施的管理历史沿革，大体可归纳为三个阶段。

第一阶段，政府部门高度垄断的计划管理时期（1949—1978 年）。新中国成立之初，我国照搬苏联的文化管理模式——“政府严控型”的文化管理机制，实行垂直型的层级管控格局，从中央到基层形成了“政务院文化教育委员会（后改为文化部）—省文化厅—市文化局——乡文化站”的管理机构和行政隶属关系。这时期由于新中国成立不久，政府以巩固新兴政权和社会主义制度为首要任务，因此，公共文化领域也延续了建党以来的宣传思维，更多将公共文化设施作为一种宣传征地，在文化供给中更看重文化的国民教育功能，注重国家统一价值观和主流意识形态的灌输与传达，借以防止负面思想的渗入。表现在行动上，这时期的公共文化设施完全按照政府的计划兴建，然后由政府成立文化事业单位对设施进行管理，

---

[1] 文化部财务司 . 中华人民共和国文化和旅游部 2018 年文化和旅游发展统计公报［EB/OL］.（2019-05-30）［2019-09-30］.http://zwgk.mct.gov.cn/auto255/201905/t20190530_844003.html?keywords=.

以确保宣传阵地始终掌握在政府和人民手中。虽然这种建设和管理模式有利于调动和整合全国资源形成较为完善与统一的文化设施布局体系，有利于通过财政资金保障设施的运营，推动了统一文化价值观的传播和人民群众文化活动的开展，但也存在系列的问题，例如财政资金基本上只能保障事业单位人员的人头费，文化活动经费少之又少；国家行政干预严重，缺少激励机制，文化设施运营和服务供给的效率低下；文化服务供给主要是自上而下的指令式和灌输式，缺少群众文化需求的反馈机制。整体而言，这时期的文化设施建设和管理为后来的发展奠定了基础，但也留下系列问题，需要通过改革加以解决。

第二阶段，政府部门绝对主导的管理转型时期（1978—2001 年）。1978 年我国开始了改革开放和社会主义市场经济体制建设。在这种全国全行业推动改革的时代背景下，我国的公共文化供给也开启了新一轮的变革，其改革的核心方向是坚持政府对公共文化事务具有绝对主导权的前提下，重新界定政府部门在公共文化供给中的定位和作用，探索引入市场机制和社会力量，推动文化事业的发展。国家政策开始允许文化事业单位和艺术机构开经营活动，实行政府和社会主办的“双轨制”，鼓励推行以承包责任制为主要内容的机制改革，于是一大批文化事业单位开始了企业化运营探索，例如，人民日报、中央电视台等单位实行“事业单位、企业化管理”的办法。为了推动社会力量参与支持文化事业，1996 年，国务院办公厅出台了《关于进一步完善文化经济政策的若干规定》，允许社会力量在对文化事业进行捐赠时，可享受年度应纳税所得额 3% 以内的部分予以扣除。2000 年国务院办公厅又印发了《国务院关于支持文化事业发展若干经济政策的通知》，规定社会力量在对文化事业进行捐赠时，在年度应纳税所得额 10% 以内的部分，可在计算应纳税所得额时予以扣除，在捐赠类别中，特别加上了“对文化行政管理部门所属的非生产经营性的文化馆或群众艺术馆接受的社会公益性活动、项目和文化设施等方面的捐赠”。[1]整体而言，这一时期的文化事业管理具有明显的转型特征。一方面，通过市场化、企业化的改革，为公共服务发展筹集了资金，缓解了大多数文化事业单位与文艺团体的资金紧缺问题，增加了文化供给的活力，提升了文化设施的服务效益，激发广大文化工作者运营公共文化设施、开展文化活动的积极性和创造性，但一方面，由于对文化发展的规律认识不深，以及在推动市场化、企业化过程中缺少规范指导、评估标准和法律保障，因此也导致了一些文化公共设施管理单位，贪简求便，一租了之，而不管租用机构是否与文化有关，致使文化设施变成了小商品市场、批发场地等，严重违反了公共文化设施的设计功能和建设初衷，损害了公共文化设施的公益形象和人民群众的基本文化权益。

第三阶段，政府部门权威主导下的深入探索时期（2002 年至今）。2002 年，党的十六大提出了对文化进行公益性文化事业和经营性文化产业“两分法”的理论创新，认为文化事业主要是为了保障人民基本的文化权益，属于民生范围，必须坚持政府主导，但主导不是包办，要探索公共服务社会化之路。并以“两分法”为突破口，做出了深化文化体制改革的部署，这是继经济体制改革、政治体制改革、科技体制改革、教育体制改革、卫生体制改革之后的又一个重大的战略部署。[2]2003 年，中央开展了文化体制改革的试点工作，至 2006 年，试点工作全面铺开；同年出台的国家文化改革发展规划中，进一步提出了要引导和支持社会资本投资公共

[1] 国务院关于支持文化事业发展若干经济政策的通知［EB/OL］.（2000-12-18）［2016-12-13］. http://www.cnnsr.com.cn/csfg/html/2000121800000080014.html.

[2] 高书生. 感悟文化改革发展［M］. 北京：中信出版社，2014.：19.

文化设施、参与公共文化服务。2007年，中共中央办公厅、国务院办公厅联合出台了《关于加强公共文化服务体系建设的若干意见》，提出吸引和鼓励社会力量通过各种方式参与公共文化服务建设的战略方针。2011年，党的十七届六中全会的决议中强调，要“引导和鼓励社会力量通过兴办实体、资助项目、赞助活动、提供设施等形式参与公共文化服务。”[1]2013年，《中共中央关于全面深化改革若干重大问题的决定》第一次出现了“推动公共文化服务社会化发展”的表述，[2]并强调要积极培育文化类社会组织。2015年《关于加快构建现代公共文化服务体系的意见》出台，提出要通过在有条件的地方开展试点的形式，探索公共文化设施的社会化运营；[3]2016年《中华人民共和国公共文化服务保障法》的发布，又为社会力量参与公共文化设施运营提供了法律依据。多年来，在政策的指引与推动下，许多城市积极探索社会化运营，包括嘉兴魏塘街道文化服务中心、无锡新区图书馆、北京阜四小院、上海罗山市民会馆、打浦桥社区文化活动中心等，取得了不少成功经验，目前社会化运营的探索正在进一步深化。

## 二、当前我国公共文化设施社会化运营现状

### （一）总体情况

从我国公共文化服务体系建设的发展进程来看，公共服务设施社会化运营相对而言是一个新兴事物，正处于深入探索和推进阶段，主要具有以

[1] 中共中央关于深化文化体制改革 推动社会主义文化大发展大繁荣若干重大问题的决定[EB/OL].（2011-10-25）[2017-01-23]. http://news.xinhuanet.com/politics/2011-10/25/c_122197737.htm.

[2] 舒刚. 文化体制改革的看点和亮点[J]. 时事报告，2013（12）.

[3] 关于加快构建现代公共文化服务体系的意见[N]. 人民日报，2015-01-15.

下特征。

第一，从宏观区域来看，探索力度随经济发展水平而梯度展开。近年来的实践表明，社会化的进程会受到经济社会文化等发展水平的深刻影响。一般而言，经济发展水平比较高、地方企业实力比较雄厚、社会组织发展较为成熟、市场化程度比较高、人们生活条件比较富足、当地文化意识比较开放的地区，社会化运营程度相对较高。从我们熟知的案例来看，其主要分布在东部沿海城市，例如上海、宁波、无锡、广州、深圳等地，而中部、西部和东北地区的公共文化设施社会化运营的案例就相对较少。

第二，从城市分区来看，城市新区具有强烈的探索和需求倾向。城镇化的快速发展催生了大量的城市新区。在新区建设中，为了拉伸区域人气和文化品位，通常会建设大型的公共文化设施。但是如何管理这些文化设施，也成了政府棘手的问题，因为这些新增设施通常没有编制，而为其新设机构亦不现实，因此很多新区积极探索采用社会化的运营模式，通过政府服务购买等形式，委托社会力量来负责文化设施的运营，其典型如无锡新区文化馆和图书馆。

第三，从设施层级来看，社区基层综合公共文化服务中心更容易推动社会化。相比城市大型的文化机构通常有编制和专业人员的管理和运行保障，大量基层综合性的文化服务中心在人员数量、专业服务等方面都有所不足，因此推动社会化成了重要选择。当前社会化探索的重心就聚焦在基层公共文化服务中心。例如上海浦东新区塘桥街道社区文化活动中心、上海石门二路社区文化活动中心、新桥镇社区文化活动中心等。

第四，从运营形式看，主要有整体运营、项目运营、连锁运营、志愿运营等形式。整体运营是文化行政管理单位通过服务购买、企业通过投标等方式，将全部事务交由社会力量进行运营，政府主要负责资金支持、过程监管和绩效考核。部分运营是政府将部分公共文化场地或物业、部分活动项目委托专业机构承办。例如浦东新区金桥镇社区文化活动中心主要将健身房、舞蹈房、游泳馆等设施服务项目的交由专业公司。连锁运营是企业通过规模化的形式，同时负责多个文化服务设施的运营，最典型的是运营大剧院的保利集团，还有运营社区服务中心的上海华爱社区服务管理中心等企业。志愿管理是通过调动、吸收市民力量，形成以志愿者、义工为骨干的文化自治委员会，充分参与到各中心设施、管理、活动及其他文化服务的过程中，例如宁波香山书屋的运行。

第五，从运营主体看，主要是民非组织、基金会和专业企业等机构。在政府通过服务购买、优惠政策等措施的推动下，一些社会力量开始探索进入文化设施的运营。从当前来看，还是以文化类社会组织为主，因为公共文化设施公益性突出，这导致运营中利润相对较低，一般企业缺少进入的动力，即使参与，大都也是将其当作企业产业链或价值链中的一个环节（主要是展示、品牌塑造环节），而基金会目前在我国的运作经验和发展模式还不成熟，仍在探索之中。

第六，从运营成效看，社会化有力地提升了服务效率和质量。例如魏塘文化活动中心运作两年来，众悦每天服务 11 个小时（每周一休息），一周开放 66 小时，远高于政府要求的 44 小时标准[1]，两年来服务群众 30 余万人次，开展文化活动近 1000 场次，丰富了居民的文化生活，取得了良好的社会效益。

---

[1] 孔越．公共文化服务外包的“魏塘模式”［N］．嘉兴日报，2016-08-07.

## （二）典型案例

**案例一：无锡新区图书馆社会化运营**

1. 探索背景

无锡新区是在无锡高新技术产业开发区、无锡新加坡工业园的基础上成立的，由于原先以工业园区为定位，主要突出生产和经济功能，一直没有区级的图书馆、文化馆等公共文化设施。随着园区定位的转变，产城融合的推进，以及常住人口的增加（常住人口 55 万），建设公共文化设施，提供公共文化服务成了必然的要求。从新区财政实力而言，建设文化设施并不是难事，但是要设立事业单位、增加编制、有效运营却非常困难。因此，无锡新区借鉴国外成功经验，决定采用政府购买服务的模式，引进专业公司来运营。

2. 基本做法

第一，公开招标，社会化购买。无锡新区建立了以新区管委会为主导，以新区公共财政为依托，以政府购买公共文化服务为主要方式，以社会力量为服务提供者的社会化发展模式。在项目初期，配合招标公司，根据图书馆建设的国家标准、建设要求、服务内容等制定了服务外包的招投标文件《无锡新区图书馆项目服务外包合约》，由招标公司向全社会公开采购，经过政府采购程序，由艾迪讯电子科技有限公司中标。这种公开透明的社会化运作，不仅让政府能够找到好的管理团队，而且也避免了腐败现象。

第二，双轨制运营。所谓的双轨制管理，即通过公开招标的方式，将图书馆设计、日常的运营委托给专业的企业进行管理，以利用其丰富的人力资源和技术服务，新区管委会只派出馆长负责行政事务以及对管理过程进行监督。中标企业按照签订的合同，全面承担设计、运营、管理等工作，同时还要履行合同内规定的考核以及合同外的工作协商配合。这种运营模式有效地避免了政府将社区文化建设外包后便甩手不管的弊端，使企业和政府的职能更加明确，同时又能够保障居民真正享受到高质量的文化服务。

第三，制度化评估。因为采取双轨制的运营模式，管委会需要对企业的运营状况进行监管。新区制定了一个系统的评估制度对企业进行考核，评估结果直接决定着双方的合同关系是否能继续。新区成立了专门的文化、纪检、财政联合考核小组制定了考核表，从队伍建设、公共服务、管理规章、群众满意度等几个方面对企业的服务质量进行考核。满分100分，若低于80分将责令企业进行整改，若整改达不到要求则终止合同关系，减扣相应款项。[1]在这样的监管制度下，才能够保证公共文化建设能够落实到位，真正做到让群众满意。

3. 主要成效

无锡新区图书馆的实践突破了传统公共文化服务模式的瓶颈，开拓了公共文化设施建设和运营的新路。首先提升了新区公共文化服务能力。通过服务外包的形式，引进专业化的图书馆运营公司，创新了供给主体，提升了供给能力。其次，解决了新图书馆单位编制、人才缺乏、经营经验不足等问题，让新图书馆可以正常运营，满足新区市民的阅读需求。最后，提高了文化设施的运营效率。艾迪讯电子科技有限公司拥有多年的从图书馆设计、建设、配套设备生产、管理运营的全链条服务能力，新区图书馆从设计之初就邀请该公司进入，因此从功能设计、配套设施等方面就为后

[1] 孙军．无锡新区公共文化服务社会化实践分析［J］．文化艺术研究，2014（4）．

期运营打下了良好基础，例如高度重视图书馆的数字化、人性化等。多年来的实践也证明，其服务质量受到了读者的高度评价，新区图书馆也成为全国社会化运营的典范。

4. 案例启示

访谈无锡新区图书馆之后，就社会化运营有几点启示。第一，社会化发展需要数量足够多的社会主体，如果主体不够，就难以发挥社会化运营带来的竞争优势，反而有可能让政府陷入被动的境地，大力培育社会主体，是当前推进社会化的重要任务，例如现在无锡新区图书馆就只有艾迪讯一家企业来竞标运营，如果艾迪讯因为企业战略调整而放弃运营，谁来接盘就存在极大问题。第二，企业（集团）运营公共文化服设施，不管是经济效益还是社会效益，其本质上统一于企业效益，其轻重权衡植根于企业战略。例如艾迪讯参与新区图书馆运营，其中很大一部分原因是展示企业产品和运营能力，树立企业品牌。第三，公共文化社会化还是要转变思维，尊重市场规律，“一分钱一分货”，如果只是为了省钱和节约成本而去做社会化，很可能导致服务质量下降，在文化领域招标中，最低价者得之的陈规，是值得探讨的；例如无锡新区图书馆其相对传统的成本并不低。第四，公共文化服务设施社会化运营，其本身也是一种产业行为，因此，运营企业也理应享受到文化产业的优惠政策，特别是图书馆、文化馆这种劳务输出型的服务行业，改为增值税后，由于没有太多的税前抵扣，因此税负是相当重的（大约 17%）。

### 案例二：嘉定魏塘街道文化中心社会化运营

1. 探索背景

魏塘街道位于浙江省嘉兴市嘉善县，由于城区已经拥有县图书馆等县级文化设施，为辐射更多的农村群众，政府最终决定将文化中心选址定在位于街道北侧的中心村——魏中村，该村集聚有本地居民 5000 人、新居民 5 万人，群众精神文化生活的需求较为强烈。新中心建设之初，就面临着运营管理的问题。因为根据文化中心的体量，至少需要 8 位以上的工作人员，每年的人员经费就需要 25 万元多，那么，如何克服文化中心运作供给不足、成本过高、效率低下的问题？街道文化结对单位——上海闸北区临汾路街道通过民办非企业组织经营管理文化中心的案例拓宽了街道领导层的思路，决定与民非企业嘉善众悦文化服务中心合作，尝试社会化运营，并于 2014 年 5 月 23 日正式向社会开放。[1]

2. 基本做法

第一，合同管理，规范双方职责。魏塘街道经过多方比较，与魏塘众悦文化服务中心（民非组织）签订了试运行合约，尝试以部分免费和部分公益性收费相结合的方式向社会提供公共文化服务，所收费用全部用于维持中心正常运作的必要开支；而人员经费则由街道财政保障。经过近三个月的运营与合作实验期，最后街道与众悦正式签订了服务合同，明确了双方职责与权利，规范了管理运行。合约规定服务购买总经费 30 万元（按 10 个人工计算），其中，基本报酬为 24 万，按季度拨付，剩余 6 万按年终绩效考核情况，进行一次性拨付。合约除了定性描述任务外，还列出了具体的约束指标，即众悦每年要完成大型公益活动 48 个，活动 150 场次（不包括电影放映），服务 18 万人次。[2]

第二，通过激励机制激发运营主体积极性。合约中规定，如果众悦如

---

[1] 嘉善文化馆．镇级文化活动中心的社会化运作方式［EB/OL］.（2015-02-27）［2016-10-13］. http://www.jswhg.net/article.asp?id=3264.

[2] 林理．每一次提速都为了前方更美的风景［N］. 中国文化报，2015-06-17.

期完成合作规定的指标数，年终由政府财政奖励中心负责人 1 万元；超标或不达标的，按照 2000 元 / 万人次进行奖罚。同时，众悦内部成立了理事会，理事会根据文化中心的功能与服务项目，进行了管理与服务岗位的梳理，制订了详细的职位说明书，明确各岗位的职责和相应的待遇，为科学管理、激发工作积极性奠定了基础条件，确保了文化服务质量的提高。

第三，通过项目吸引群众参与。众悦通过“各级项目配送”+“中心自主策划项目”的“两条腿走路”方式，努力拓展服务内容，吸引更多的群众走进文化中心。在各级项目配送方面，例如县级宣传文化部门将全国“微散文”大赛颁奖典礼等项目派送到文化中心。[1]在接受各级配送的同时，中心积极策划各类公益活动项目，如开展“众悦”杯桌球赛、征文比赛、讲故事比赛、电影天天放等活动，力争用丰富多彩的活动项目，满足不同人群对文化活动的多元需求。

3. 主要成效

一是延长了服务时间，中心服务时间是每天 9：00—20：30，每周周一休整，全年无其他节假日，每天开放时间长达 11 小时，每周为 66 小时。二是文化中心公益性社会效益提升。在委托运行的 6 个月时间里，共接待群众 11.7 万人次，图书分馆接待 9.3 万人次。三是文化活动丰富多彩，开展文艺演出、电影放映、培训等多种活动，满足了多元的公共文化需求，让群众享受到层次不同、类别不同的文化套餐，丰富了群众文化生活。

4. 案例启示

嘉定魏塘街道文化中心是社会化运营较为成功的案例。其成功给予了我们以下思考和启示：第一，相对于图书馆、大剧院等具有一定标准化的

[1] 孔越．公共文化服务外包的“魏塘模式”[N]．嘉兴日报，2016-08-07.

公共文化设施，文化馆或文化服务中心的社会化运营较难，因为其涉及的内容多而杂，费用弹性很大，政府如何制定出合理可行的经费标准、评价体系等，这是购买管理的重大挑战，也是委托效果好坏的关键。第二，公共文化服务社会化是手段不是目的，不能因为社会化而社会化，要因地制宜，综合考虑区域经济社会发展阶段、居民文化消费需求以及社会组织发育等因素。魏塘街道能借鉴上海闸北区的经验，采取社会化运营形式，与其发展基础分不开的。第三，社会化本质上是要从供给侧出发，运用社会力量来提升文化供给的质量和效率，弥补政府能力的不足。社会化最大的优势是在政府的引导下，团结尽可能多的各方力量，形成一个以公共文化消费者为核心，“政府 + 社会力量 + 民众”组成的公共文化服务生态圈。例如，众悦文化服务中心就有意识地加强了资源的整合。

**案例三：上海打浦桥社区文化服务中心**

1. 探索背景

社区综合性文化服务中心是构建现代公共文化服务体系的基石，是与市民生活最为贴近的文化场所。但由于社区事务琐碎繁杂、文化专业人才匮乏、居民文化参与热情不高等原因，社区文化服务中心通常是冷冷清清的，闲置率很高。那如何才能更有效地运营好文化中心，为社区居民提供丰富的文化服务？从 2006 年开始，上海打浦桥街道探索了社区文化中心的社会化运营，以政府服务购买的形式，引入了民办非企业——上海华爱社区服务管理中心，委托其对 5000 余平方米的社区文化中心进行社会化专业化运营。

2. 主要做法

第一，建立健全运营管理机制。一是打浦桥街道按照“建管分离”的思路，创新了资产管理机制。即街道负责中心硬件建设，建成后将物业管理和运营服务委托给社会企业，政府从直接组织管理与运营中解脱出来，变成指导与监督方。二是实行了“托底保障”的支撑机制。为了确保资金的足额到位，街道将委托费用纳入政府的年度财政预算，通过财政来保证。三是建立了“重大事务民主协商”决策机制，形成了由社区居民代表、华爱和街道等三方组成了文化活动中心管委会和联席会制度，让居民自己为文化服务“点菜”。[1]联席会议为三方构建了良好的信息互动沟通平台，推动了三方利益的协调统一。四是完善了监管机制。由街道宣传科对文化中心进行监督，具体履行对服务委托方的监管职能。

第二，通过各种方式激发居民参与热情。一是推动建立群众评议小组，邀请居民进行实地考察，或者明察暗访，将结果形成评估报告，并与运营管理费、奖励费与是够续约结合起来，加大运营方的重视程度。二是鼓励华爱及时了解居民文化需求，提供居民所需的文化服务。目前华爱每半年设计并发放一次调研问卷，收集居民的建议与意见，并以此调整和创新文化服务项目。

第三，通过适当的收费提高场馆运营效率。打浦桥社区文化中心的所有运行费用都由街道办事处承担，由于不需要自负盈亏，社区文化中心的盈利最终都会再用于社区活动或是返还给政府部门。虽然打浦桥街道办事处承担了所有的经费，华爱在进行社区公共文化建设的时候并不用太担心资金问题。但是，华爱在实际运营的过程中，根据市场规律制定了相应的收费运营模式（针对不同服务、不同时段、不同人群进行象征性收费），

[1] 陆文军.上海黄浦区打浦桥创新社区公共文化服务管理方式[EB/OL].(2012-09-20)[2016-12-13].http://www.gov.cn/jrzg/2012-09/20/content_2229195.htm.

从而提升了设施的有效利用率，平衡了不同人群的文化服务需求。

3. 主要成效

打浦桥街道办事处和爱华之间的这种契约合作模式，取得了较好的效果。首先，它改变了社区中心的管理体制，提高了社区文化服务的效益。传统的社区文化中心主要是依靠街道办事处和居委会来运营，但是由于它们往往会采用行政管理方式进行管理，并没有从市场的角度考虑，导致管理效率低，实施效果差。而华爱的介入，以其先进的市场理念和管理方法极大地提高了管理效率，使社区文化中心的效能能够最大化地得到发挥。其次，它还为民间组织参与社区公共文化建设提供了新模式，很好地平衡政府和社会组织的权利，提高了群众文化活动的参与度和满意度。目前，活动中心服务人群涉及各个年龄层，服务区域也从社区辐射到了周边各街道，每周一般都有 3~4 场百人以上参与的文化科教类活动，日平均人流量为 1600~1700 人，成为全国标杆性的社会化运营范例。

4. 案例启示

研究上海打浦桥社区文化服务中心的社会化运营发展，我们可以得到如下启示：第一，一个事物的兴起和发展离不开其所处的环境，特别是经济基础，公共文化设施社会化发展亦然。地方的经济条件如何、企业经济实力如何、民众的意识如何，常常决定着社会化的深度和广度。第二，公共文化服务也需要充分利用市场配置的优势，可以通过制定合理的价格和收费模式，降低政府的财政的负担，提升设施的有效利用率（减少一些贪小便宜占用公共资源的人，如热天到文化中心蹭空调而不是进行文化活动居民）。第三，要大力调动居民参与文化活动的热情，特别是强化社区居民的文化权利意识和志愿服务意识，增强其主动参与供给和享受文化服务的热情。

**案例四：沈阳市盛京大剧院社会化运营**

1. 探索背景

盛京大剧院坐落于沈阳母亲河——浑河之畔，是沈阳市为了丰富市民精神文化生活、提高文化艺术素养而历经4年规划建设而成。大剧院占地面积6.5万平方米，总建筑面积约8.5万平方米，主体建筑由综合剧场（1800座）、音乐厅（1200座）和多功能厅（500座）三个部分构成。大剧院可以举办歌剧、话剧、综合晚会等众多艺术演出。由于受到市级艺术资源、管理经验、人员编制等方面因素制约，沈阳市决定引进北京保利剧院管理有限公司，对大剧院进行管理运营。

2. 主要做法

第一，明确各方职责权利。盛京大剧院由沈阳市委、市政府投资建设，由北京保利剧院管理有限公司出资和派员成立沈阳保利大剧院管理有限公司负责日常经营管理，沈阳市文化广电新闻出版局代市委、市政府行使监督管理权。[1]其中根据协议，沈阳市第一年补贴运营公司2000万，然后逐渐递减，至第10年，市政府将不再进行直接资金补贴。

第二，通过标准化考核提升管理水平。ISO质量管理体系认证是保利院线的独创。为了提升盛京大剧院的管理水平，沈阳市委市政府将完成ISO质量管理体系认证列入沈阳保利公司的年度考核指标，在市文化广电新闻出版局的支持下，保利公司在2015年4月正式启动了认证工作，并于同年10月顺利通过了ISO9001：2008质量管理体系认证。

第三，依托文化设施拓宽营收渠道。为了扩大经营收入，保利公司

[1] 盛晴．"盛京巨钻"生异彩 艺术风尚度沈城——沈阳盛京大剧院运营一年记略［EB/OL］．（2016-04-22）［2016-09-23］．http://www.sywriter.com/Read.aspx?id=28363.

一是凭借在沈阳积累的良好口碑和市场影响力，在积极延续与辉山乳业冠名合作的同时，寻求其他领域的三级冠名商合作。二是积极谋划开发不同品类的高端衍生活动，例如开设奇妙戏剧谷、盛京小骑士训练营等夏令营活动；三是谋划依托大剧院，开展艺术餐饮、书吧等配套服务，增加运营收入。

第四，坚持公益属性，推进文化惠民。鼓励保利公司始终坚持剧院的公益属性，采取系列惠民措施。例如大剧院的演出节目均设置有 30 元的“惠民票”，每年不少于 8000 余张。同时针对学生、老人、特殊群体（一线交警、福利院儿童、残障儿童等）推出特殊的演出专场和优惠票服务。

3. 主要成效

从运营效果来看，实现了沈阳文化演出领域的重大变革，将高雅艺术带进了城市，让普通市民有了更多机会接触高雅艺术。2015 年，大剧院在第一个运营年度，就进行了 302 场演出，占场天数近 500 天，会员总数近 6000 人，微信粉丝突破 3 万人，全年接待观众 24.5 万人次，接待参观 5400 人次；[1] 在 2016 年，全年演出 / 活动场次达到 356 场，用场天数累计达到 523 天，全年接待观众及演员超过 30 万人次，极大地丰富了沈阳市民的高雅文化生活。

4. 案例启示

剖析盛京大剧院的案例，我们可以得到以下启示。第一，对于我国许多二三线城市而言，城市财力可以负担大剧院等文化设施建设，但是由于缺少运营经验和演艺资源，自行运营有一定难度。这种情况下，通过补贴

---

[1] 盛晴．“盛京巨钻”生异彩 艺术风尚度沈城 ——沈阳盛京大剧院运营一年记略［EB/OL］．(2016-04-22)［2016-09-23］. http://www.sywriter.com/Read.aspx?id=28363.

等形式将大剧院委托给专业机构，倒是一种较为可行的办法。第二，如果运营企业拥有较好的艺术资源和运营模式，实现经济效益与社会效益的双效统一是有可能的。例如保利公司就很好地突出了社会效益，同时通过衍生产品的开发实现了经营效益。第三，标准化是连锁化的重要支撑。保利公司正是通过各个管理环节的标准化，才能有效地管理好各地政府委托运营的53个剧院。

## 第二节　城市公共文化设施社会化运营的问题

### 一、运营主体较少且弱，政府可选择空间有限

推动城市公共文化设施社会化运营，不仅需要各级政府的积极主导和大力支持，还需要数量足够多、专业能力强、管理科学规范的社会承接主体，这里既包括在工商部门注册登记的企业，也包括在民政部门或行业主管部门登记备案的文化类社会组织。如果主体不够多，就难以发挥社会化运营带来的竞争优势，反而有可能让政府陷入选择空间有限的被动境地。

我国文化类社会组织发展起步晚，能力弱，管理不规范，自娱自乐的组织和团队多，有能力参与基层社会治理、专业化运作的文化机构较少。以上海嘉定区为例，截至2014年底，区社团局注册的社会组织478个，其中文化类社会组织有19个，文化类社会组织占比不到4%。同时，目前的文化类社会组织专业能力普遍较弱，这些组织、团队的行政化色彩较浓，参与方式也是以被动参与为主。

而对在工商部门注册的经营性企业，目前政府优惠政策（税收减免程

序和手续繁杂难以落实等）、社会舆论氛围等还难以吸引其进入。根据林敏娟“民营企业参与公共文化服务”的统计分析：在 306 个有效观测样本中，63.1% 的民营企业没有参与过任何形式的公共文化服务。[1] 这一调查数据表明，当前民营企业参与程度并不高，还缺少进入的吸引力。

## 二、资金来源渠道单一，可持续发展能力不强

运营资金不足是当前制约社会力量参与设施运营、提高专业水平和运营效率的重要瓶颈。由于公共文化设施主要提供公共产品，所以运营机构不能进行完全的市场化经营，这必然要求其他多渠道的资金来补充。但目前资金来源渠道单一，资金体量难以支撑起高质量的公共文化服务。

从现状来看，公共文化设施运营的资金绝大部分来自政府的服务购买，然而政府公共服务资金非常有限。近年来全国文化事业费占财政总支出的比重基本维持在 0.38% 左右，2014 年全国人均事业费只有 42.65 元，远低于教育、卫生等其他社会事业的财政投入（见表2–1）[2]。即使在经济较为发达的广东省，根据统计，2014 年全省有 18 个公共图书馆无购书专项经费，占公共图书馆总数的 13.4%，有 90 个群艺馆（文化馆）无业务活动专项经费，占群艺馆（文化馆）总数的 61.2%，有 117 个博物馆无文物征集费支出，占博物馆总数的 66.4%。从当前政府服务购买的能力来看，其经费难以支撑起高层次专业人才的薪酬与福利。

---

[1] 林敏娟．公共文化服务中的民营企业角色［M］．北京：中国社会出版社，2014：53.

[2] 中华人民共和国文化部．文化发展统计分析报告（2015）［R］．北京：中国统计出版社，2015：15.

表 2-1 各类公共服务支出费用与比例（2014 年）[1]

| | 总数（亿元） | 人均（元） | 占财政支出（%） |
|---|---|---|---|
| 教育事业 | 22905.20 | 1674.64 | 15.10 |
| 卫生事业 | 10086.20 | 737.38 | 6.65 |
| 科技事业 | 5263.90 | 384.11 | 3.46 |
| 文化体育传媒事业 | 2691.48 | 196.77 | 1.77 |
| 文化事业 | 583.44 | 42.65 | 0.38 |

如果从世界主要文化强国的文化设施运营资金来看，其经费来源是多元化的。以美国为例，其公共文化设施（如博物馆）运营资金来源有国家支助、基金支助、私人赞助、企业赞助、门票收入、会员收入、副业经营收入、投资收入等。通常国家补贴 1/3，门票等运营收入 1/3，捐助赞助等 1/3。同时从各国政府文化事业财政支出比例来看，许多国家对文化事业的支持力度比我国要大（见表 2-2）。这种多元渠道的资金来源保障了设施运营费用的充沛，专业化服务能力的提升。

表 2-2 各国文化事业财政支出比较[2]

| 国家 | 文化支出占公共财政支出比例（%） | 文化支出占 GDP 比例（%） |
|---|---|---|
| 法国 | 2.56 | 1.23 |
| 韩国 | 2.16 | 0.60 |
| 德国 | 1.87 | 0.70 |
| 英国 | 1.68 | 0.77 |
| 日本 | 0.86 | 0.30 |

❶ 李国新．现代公共文化服务体系建设的思考［EB/OL］．（2016-05-23）［2016-08-16］. http://www.chinathinktanks.org.cn/content/detail?id=2975179.

❷ 李国新．强化公共文化服务政府责任的思考［J］．图书馆杂志，2016（4）．

（续表）

| 国家 | 文化支出占公共财政支出比例（%） | 文化支出占GDP比例（%） |
|---|---|---|
| 美国 | 0.70 | 0.27 |
| 中国（文化体育传媒） | 1.77 | 0.42 |
| 中国（文化事业） | 0.38 | 0.083 |

资金来源太单一，运营费用不足，严重影响了我国社会化运营的可持续能力，甚至造成了一个恶性循环：由于资金较少，无利可图，就缺少社会力量的进入，而社会力量的缺少，又让承接主体单一，政府难以推进社会化。因此，未来必须通过路径创新，打破当前的发展困境。

## 三、人才队伍建设艰难，专业化能力有待提高

作为公共文化设施的运营者，不能只是提供简单的物业管理，更应提供更专业化、更高质量的文化服务。当前，由于薪酬待遇较低等原因，我国社会组织人员专业化水平还不够高，人员的流动性很大，这直接影响了服务的质量和社会效益，成了制约社会化运营的重要问题。例如嘉善县魏塘街道文化中心，按照10个额定人工计算，每年向众悦拨付30万元的人员经费，这种一年一人3万元左右的薪酬，在没有其他福利待遇的情况下，是很难吸引到高层次人才、打造一支专业化队伍的。目前一些文化类社会化组织在资金有限的条件，积极探索：一是聘请文化部门（如文化馆、博物馆等）离退休后的人员担任，借助他们的热情和经验来负责和指导文化设施工作；二是聘请较为普通的业务人员，主要是做日常运营和维护，一些简单的活动组织等；三是吸引社工、文化志愿者来进行服务。但整体而

言，这只是权宜之计，难治标更难治本。然而社会化重要的旨向就是专业化，是其存在和发展重要逻辑基础。这正如浙江省文化馆党总支副书记王全吉所担心的：社会化运营如果不能提供更专业、更高效的服务，其优势和存在的价值又在哪里呢？因此，吸引专业人才，提升专业能力，是未来必须解决的难题。

## 四、民众的参与度不足，良好舆论氛围未形成

根据新公共服务理论，民众既是社会化运营的服务对象，也应是重要的参与者。当前一些社区文化服务中心不断探索，以激发居民的主动参与、自我管理、自我创造的能动性。例如上海黄浦区五里桥街道社区文化活动中心注重发挥群众团队的示范、引领功能，加强团队建设和管理，激发团队积极参加社区各项公益活动。但整体而言，绝大多数公民缺乏文化权利与责任意识，参与的积极性和参与度还不够。在民众的思维中，公共文化服务一直是政府的事情，感觉与自己的关系不大，不太了解和注重自身在文化方面的权益，因此，在参与公共治理方面，也缺少主动性。从社会舆论氛围来看，由于主流媒体对社会化运营的宣传力度还不够，专家著述和主题论坛等也极少，因此，提高大众的关注度、形成良好的舆论氛围还有待各方努力。

## 第三节　城市公共文化设施社会化问题的成因分析

### 一、发展理念障碍

思想理念和认识上的问题很大程度上阻碍了公共文化设施的社会化运营。

第一，传统政府主导的思维定式难以改变。长期以来，我们在文化领域奉行的计划管理思维，严禁私人部门或民间资本提供公共文化服务。在公共文化设施运营上，必须在政府部门的指令下，由文化事业单位按照计划进行文化生产和供给。虽然改革开放以来，文化产业走上了市场，但是文化事业，还是受到计划思维的桎梏，没有积极引入是竞争机制和社会力量。

第二，对社会力量仍有戒心，担心其受利益驱使偏离公益轨道。由于文化事业是满足人民群众基本文化需求的战略举措，是传播主流价值观的重要载体，具有很强的意识形态属性。因此，政府对社会力量往往存在着不信任的现象，认为社会力量特别是企业其主要目的是营利挣钱，缺乏公益性，有时不讲政治，难以掌控。同时政府对社会组织的能力也不信任，公共文化的活动、项目习惯于交给事业单位，宁愿“宁可少一事，不愿多一事”。

第三，部分政府部门对文化事业不重视，对推动社会化也缺少积极性。在当前城市以经济建设为中心的大战略格局下，一些城市领导主要把精力放在经济增长，以及城市管理、医疗卫生、社保、教育等关系维稳问题的公共事务上，文化事业常常是“说起来重要、做起来次要、忙起来不要”，这些也导致文化部门成了城市行政部门中的弱势单位，难以有足够的资源和力量去推动社会化。明显可见的是，如果一个城市的主要领导重视文化建设，一个城市的文化发展就好。因此，增加领导对文化事业的重视也是社会化发展的必要前提。

## 二、文化体制障碍

第一，文化体制目标具有客观的价值逆向性。我国的文化体制是一种自上而下的中央高度集权的体制，文化事业由国家兴办，从中央到地方形成了庞大而严密的条块结合的“文化部—省级文化厅—市文化局—县文化局—乡文化站”的文化行政垂直权力网络，这种权力网络也造成了我国文化体制目标具有客观的价值逆向性，“即现行文化体制在运作过程中很大程度上属于向上负责，基层文化行政部门的公共服务意识及其责任明显低于对上级执行使命的承诺，文化责任上行使价值逆向性内在地支撑着体制的行政存在方式”[1]，各级政府和文化行政官员在文化建设过程中很大程度上是对上负责，因此也造成官僚主义和官本位倾向，对群众文化需求缺少了解的积极性，对推动社会化也只是出于上级部门的压力。

第二，文化体制具有极强的封闭性。长期以来，我国的文化决策和管理权力集中在各级行政部门，国家对文化事业实行全面直接的供给与控制，文化经费基本上由国家统包。在这种高度垄断性的服务供给体制下，供给主体缺少竞争压力，也缺少成本意识，很容易导致文化行政机构高成本、低效率、差服务。因此，推动社会化，从根本上而言，即是要改革这

[1] 张健.对发达国家博物馆管理的学习与借鉴［J］.博物馆研究，2011（2）.

种垂直型、垄断性、封闭式的文化体制，只有这样，才能为非政府公共服务组织提供宽松的社会环境和足够的发展资源（尤其是要加大政府购买服务的经费），使非政府部门能通过多途径承接公共服务需求并予以高效满足，真正推动政府向服务型、有限型和开放型转变。

## 三、管理机制障碍

当前在推动社会化运营过程中，原先的管理机制也有很大障碍。具体而言，主要在准入机制、激励机制、评估机制、监管机制、保障机制和公众参与机制。

准入机制是塑造更多运营主体的一种机制。由于文化事业的意识形态属性，政府对社会力量进入非常谨慎。准入过严、门槛过高、手续过繁，也是制约民办文化社团机构数量增长的一个瓶颈。

激励机制是调动管理活动主体积极性的一种机制。文化事业本质上是公益性的事业，没有多大的营利空间，因此需要再税收或其他方面进行激励。当前虽然规定捐赠文化事业等可以减免税，但流程复杂烦琐；目前推行的对运营主体的激励机制，主要是合同额中绩效奖励等，整体而言，奖励幅度缺少吸引力。

评估机制是保证管理活动有效率、规范化的一种机制。目前在公共文化设施运营中，已经有不少单位出台了评估和考核的办法，例如包括入馆人数、活动次数、时间长度、群众满意度等，但是由于各种公共文化设施的功能不一样，因此评估比较就有很大差别，例如文化馆与图书馆、博物馆就有很大差别，如何制定好合适的标准，是推进社会化运营的基础机制。

监管机制是确保社会化运行不脱离既定轨道的一种机制。因为文化的特殊性和公共文化设施运营的公益性，因此，在运营过程中，必须按照委托合同的规定，保持正确的价值导向，达成合同设定的目标。在这过程中，就需要加大监管，目前政府部门对社会化运营还没有形成一套有效的监管办法。

保障机制是为管理活动提供物质和精神条件的机制。最基本的就是财政支撑机制，为文化设施运营单位提供稳定的资金支持，但是目前许多城市并没有把这块资金作为专项资金纳入年度财政计划；同时政府倾向于支持官办机构，对文化类社会组织还缺少扶持，多数组织自生自灭，有些很有意义的文化项目难以维持。

参与机制是确保管理活动反映民众需要的一种机制。目前群众参与路径还不畅通，很多情况下，社会化运营过程中并没有体现出公众的意志。例如，理事会治理的本质是多元治理，是一种利益平衡机制，通过让多方利益代表进入决策结构，以便让决策能反映更多主体的利益，实现一个利益的平衡。但是现在公共文化服务设施的理事会，很多是政府强势，“一言堂”，这就很难发挥理事会的实质作用。

## 四、政策法规障碍

从政策上来看，目前我国出台了《关于加快构建现代公共文化服务体系的意见》《关于做好政府向社会力量购买公共文化服务工作的意见》《关于推进基层综合性文化服务中心建设的指导意见》等系列政策，内容都提到了创新公共文化设施管理模式，有条件的地方可探索开展公共文化设施社会化运营试点，通过委托或招投标等方式吸引有实力的社会组织和企业参与公共文化设施的运营。[1]但是由于文件都主要提了笼统的"鼓励和支持"，而缺少具体可操作的措施或手段，各地在落实中就缺少标准和办法。例如社会化运营的企业是否属于文化产业，是否能享受到文化产业方面的优惠政策。例如对那些捐赠公共文化设施运营资金的企业应该采取什么样的优惠措施。由于涉及税收等多个部门，政策在设计和实施中就更有难度。这也在一定程度上降低了企业捐赠或参与运营的热情。

从法律法规上来看，2016年《中华人民共和国公共文化服务保障法》发布，在"第二十四条"中明确规定："推动公共文化设施运营和管理的社会化。"[2]但这个法律只是宏观和框架性的法律，缺少具体可实施的法律细则。例如，如何保障社会运营主体的收益权，如果政府违约、企业应该寻求什么样的法律保护等。特别是促进社会参与的税法方面需要进一步细化与完善，例如美国《联邦税收法》中就有著名的510（C）（3）条款，详细规定了文化类非营利机构可享受免除联邦所得税的优惠待遇。

## 五、运营模式障碍

公共文化设施运营中同样涉及运营模式问题，包括生产什么的文化产品，如何进行定价与收费，如何保障服务公益性等。但由于公共文化设施社会化运营在我国还是一个新兴的事物，同时文化类社会组织也是正在培育发展过程中。因此，从目前来看，其运营模式还较为单一，营利渠道不多，设施运营资金主要来自政府服务购买。但政府资金毕竟有限，未来如

[1] 吴理财，贾晓芬，刘磊．用治理理念推动公共文化服务发展［J］．社会治理，2015（7）．

[2] 中华人民共和国公共文化服务保障法［N］．人民日报，2017-02-03．

果不能探索出更多元和有效的运营模式，那么运营机构就很难做强做大、实现健康可持续发展。

## 第四节　公共文化设施运营国际经验借鉴

“它山之石，可以攻玉”。公共文化领域的政府购买、政企合作（PPP）、公共设施社会化运营等办法，国外已经实践多年，有成功的案例，也有失败的教训。虽然我国在市场制度、政治体制和文化传统等方面都有很大的独特性，但是国际上的一些共性经验和问题，亦能给我们带来不少启示。

### 一、美国：市场主导

一个国家的文化体制与其文化传统和社会制度是密切相关的，美国在文化管理上是典型的市场主导的国家，其公共文化服务主要是利用市场机制进行供给，政府更多是通过税收优惠政策和制定法律条文来支持文化发展。这与美国奉行政治民主、经济自由主义和新教伦理精神分不开的。美国国会在 1964 年通过了《国家艺术与文化发展法案》，法案开宗明义，认为对文化艺术发展的支持首先应是地方、私人团体和个人自发行为，联邦政府的作用仅限于扮演协调者和鼓励者的角色。[1] 整体而言，美国在文化

---

[1] 凌金铸．美国国家艺术基金会的体制与机制［J］．江南大学学报（人文社会科学版），2013（7）．

体制与公共文化设施运营方面有如下特点：

第一，从文化治理特征来看，美国联邦政府没有设立如文化部这样对全国文化进行统一管理的机构，而是通过法律、政策以及民间机构等方式对文化进行间接管理。目前美国只有四个经议会立法设立的政府代理机构，包括国家艺术与人文委员会、国家艺术基金会、国家人文基金会、博物馆与图书馆事业学会，这些机构虽然属于联邦政府机构序列，但是没有对州（县、市）层面公共文化机构与设施的行政管理权，只有协调指导和财政资助的职能。各州（县、市）的文化艺术管理会、非营利机构、各种行业协会等根据当地与自身的情况开展公共文化服务和文化设施建设与运营。整体而言，美国的治理特征是政府机构、社会组织、跨国公司、社会团体、特殊利益和辩护集团、工会、学术界、媒体以及许多试图影响公共议程的团体之间的一种动态性的相互影响和相互合作用，有一个相互依赖和相互联系的潜在网络把许多不同的团体联系在一起，如果没有这些相互联系的团体和组织参与，复杂的公共问题就不太可能得到有效处理。[1]

第二，从设施运营主体来看，在美国主要是非营利机构。它们不同于政府部门，非营利机构不具备政府的行政决策权和管理权；也不同于商业机构，其全部运营过程不为追逐利润，但求社会价值的实现。“政府失灵”和“市场失灵”是非营利机构存在的基本原理。目前美国现有超过 190 万家非营利机构，创造的国民生产总值达到全美的 5%，这种私营的、由民间力量组成的非营利部门是美国生活最为鲜明的特征之一。[2]非营利机构也运营着美国大部分的公共文化设施，例如美国知名的林肯表演艺术中

---

[1] 徐丹．西方国家第三部门参与社区治理的理论研究述评［J］．社会主义研究，2013（2）．

[2] 卢咏．第三力量：美国非营利机构与民间外交［M］．北京：社会科学文献出版社，2010：4.

心、大都市艺术博物馆、福尔杰剧院等都是由非营利机构来运营的。

第三，从运营资金来源看，主要有四大渠道。首先，是民间的捐赠。美国文化社会学家戴安娜·克兰就曾经指出：以税收为基础的、对艺术的间接囊助是美国艺术基金的主要来源。例如其博物馆的经费主要来自于社会捐赠（包括私人、公司和基金会的捐赠）。其次，是政府资助，资助形式主要是政府公共服务购买，同时政府对非营利机构的税收减免也形成了资金暗补。比较特殊的是，美国将联合融资列入法规中，要求接受其资助的机构必须提出相对额度的自备配合款，即必须要同非联邦资源成至少1:1的比例。再次，是公共文化设施的营利活动。例如博物馆通过创意产品开发或授权获得经营性收费。最后，是其他类收入，如公共文化设施自身运营的基金收入等。但从统计情况来看，前三种来源的资金比例一般要占到运营经费的90%以上。

第四，从运营过程监管来看，虽然美国的非营利机构成立门槛较低、数量众多，同时也没有专门的机构和法律来监管它们，但非营利组织在运营过程中，仍然会受到来自各方的监督和约束，从整体看，主要来自五大方面：一是法律的约束，非营利组织的运营首先要遵守联邦政府和所在州的法律法规；二是税务的管理。联邦局每年会按照1%~2%的比例对非营利机构进行抽查，如果存在问题将受到处罚或被取消设立资格。三是各州首席检察官有权对非营利机构进行监督和管理，规范其运行；四是各种同业自律联盟（或协会）将对非营利组织进行约束和监督；五是新闻媒体、捐赠方、社会民众也是监督非营利组织的重要力量。

第五，从鼓励民众参与来看，政府和社区在其中扮演着积极重要的角色，主导着公民的参与程度和参与办法。首先，政府通过积极的法律与制度设计，强化民众参与的积极性，并鼓励民众成为公共文化设施运营的志愿者。通过志愿服务，能有效地增加公共设施的服务数量，同时也能运营成本，在美国一些公益性博物馆的志愿者与其职员的比例达到4∶1，极大地降低了设施运营压力。其次，社区组织在推动和确保公众有效参与公共文化服务中起到了积极作用，例如社区艺术代办处（LAAS）通常为艺术提供展览空间和销售渠道，推动公民参与服务活动。

第六，从运营保障措施来看，完善的法律体系是美国文化艺术事业发展的根本保障。其中又以《联邦税收法》最为重要。该税法规定有不少于30种组织可以作为非营利机构享受免除联邦所得税的优惠待遇。这些机构被划入税号510（C）组成了通常意义上的非营利部门。510（C）中最著名的就是510（C）(3)，是指"宗教性的、慈善性的、教育性的、科学性的、文艺性的、公共安全检验性的、倡导国内或国际体育业余比赛的，以及保护儿童和动物的机构"，该类机构与其他类型的非营利机构相比，享有最为优厚的待遇：它们不仅机构本身免税，而且捐赠人和赞助商业可以享受它们捐款的免税待遇。[1]

## 二、英国：一臂之距

"臂距原则"是英国在文艺术管理事业发展中的独创，也是政策制定的标准和文化体制的轴心。"臂距原则"是基于其单一制框架下地方文化自治的政治体制，以及封建贵族赞助文化与艺术的历史传统而来。其总体而言，强调横向集中与纵向分权的有机统一，充分发挥政府、市场、社会

---

[1] 卢咏．第三力量：美国非营利机构与民间外交［M］．北京：社会科学文献出版社，2010：8–9.

结构各自的优势，提高文化艺术事业管理的专业性，提升文化艺术发展的品质与水平。

第一，从文化治理特征来看，核心是“一臂之距”的模式。所谓“一臂之距”原指人在队列中与其前后左右的伙伴保持相同距离。[1]体现在文化事业管理体系中，主要表现为各级政府机构具有平等的法律地位，不能相互取代和支配。多年来，英国在不断加强横向统筹管理的同时（如国家层面采用大部制，建立“文化、媒体和体育部”），在纵向上进行积极的分权，将管理权限不断下放到非政府机构与地方政府。[2]这即是“一臂之距”模式的体现。

第二，从文化管理组织来看，英国文化艺术事业管理主要三个层级，中央层级是“文化、媒体和体育部”，负责全国所有文化事务的管理；居中的一级是各类非政府公共文化管理机构，包括非政府公共文化执行机构、咨询机构和法人机构；地方一级是各类文化艺术委员会，目前共有10个地方性委员会。然而，需要注意的是，以上各层级间相互独立，并不是科层式的行政领导关系，但各个层级又通过统一的文化发展政策以及财政经费的分配与使用等方式，紧密相连，协同推进文化事业的繁荣。

第三，从资助监督机制来看，为了确保资助获得预期效果，政府文化机构、文化艺术委员会将对资助的设施运营团队等进行评审，考核其是否达到协议规定的指标，包括观众人数、演出场数等。为了不使享受文化资助的文化机构不求上进，拨款机构在以下情况下，有权削减资助：一是当一个团体工作质量退化，或由于某些原因不再履行享受国家长期资助所承

---

❶ 张雪莹．英国“一臂之距”文化管理原则的启示［EB/OL］.（2011-12-02）［2016-11-13］. http://theory.people.com.cn/GB/40537/16479808.html.

❷ 杜新山．探寻“管”与“不管”的平衡：英国文化管理体制借鉴［J］．南方，2004（12）.

担的义务，在具体执行之前有18个月的警告期；二是当接受资助的团体所生产的作品其数量和质量的价值与拨款数额不相符。在具体执行前也有18个月的警告期；三是当政策发生变化，支持某个特定的团队不再对实施相关政策产生最佳效应；四是当财政经济拨款减少。

第四，从设施管理制度来看，英国在公共文化设施运营方面，一个重要的创新即是"文化托管制度"。文化托管是一种由公益财产信托法律关系而建立的一种商业信用制度，由委托人将财政委托某一公共文化托管董事会组织代为保管、经营，通常由信托证书、政府法令等条款规定相关的托管事宜，以及受托者和受益者的权利和义务。❶例如大英博物馆即是通过文化托管的办法、建立托管理事会来运行。文化托管制的意义在于：首先，它可以使私人的艺术文化遗产通过托管的方式转换为公共文化遗产，拓展国家的公共文化资源；其次，国家、政府可以将国有文化财产委托给某一个公共文化托管董事会，进而从文化文化部门的经营管理中摆脱出来，实现公共文化经营管理的专业化。❷

第五，从鼓励社会参与来看，一方面是通过成立企业赞助艺术联合会、发展国家彩票等方式，吸引工商企业和广大民众参与。目前来看，彩票收入无疑是政府资助文化事业资金的重要来源。另一方面，通过支持艺术机构巡演、支持公共文化设施建设合理布局以及支持举办文化艺术庆典活动等，让更多的民众可以更加便利地参与到公共文化服务和活动中来。

---

❶ 王俊林．当代发达国家公共文化资助体系研究［D］．长春：长春工业大学，2010.

❷ 同❶.

## 三、法国：中央集权

法国的文化管理体制具有中央集权的特征，这是与法国的文化传统与文化意识相关的。首先，法国长期以来就非常重视公民的文化权利，政府制定文化政策的根本目的是实现民主，通过资助处于中心地位和非中心地位的文化机构而使所有人能够平等地接触艺术。其次，是法国全国上下对法兰西文化高度自豪、自信，面对来自美日韩等国的文化冲击，为了继续保持法国文化在国内的强势与世界上的影响力，政府提出了“文化例外”的原则，支持和鼓励本国文化发展。

第一，从文化管理组织来看，法国管理文化事业的机构主要有三个层级：中央层面的政府机构是“法国文化和通信部”，其通过制定文化政策、法规、年度预算，以及向地方派遣文化局长的办法，对全国文化事务进行统一管理。中间层级是文化和通信部所直属的文化单位，例如卢浮宫博物馆、巴黎国家歌剧院等，通常代表着法兰西的文化高度。基础性文化机构主要是法国各大区设立的文化局，其具体负责落实政策，协同央地文化关系，制定地方文化发展规划等。

第二，从文化管理模式来看，法国通过国家最高文化行政部门——文化和通信部——对全国的文化事务进行直接的管理和指导。[1]其管理主要有以下方式：一是契约管理，即法国文化和通信部与所属文化事业单位签订协议，用契约形式代替文化命令。二是中央集权管理，法国文化和通信部向地方直接派驻文化局长和专业技术人员，强化统一管理和地方的技术

[1] 王钦鸿．论转型期文化产业发展中的政府职能［J］．山东理工大学学报（社会科学版），2006（9）．

实力。三是利用拨款进行约束。文化事业单位可以获得占全部收入 60% 以上的政府财政资助，但也必须更多地接受政府领导，如博物馆馆长必须由政府当局任免等。四是通过立法保护本国文化并对文化赞助减免税收。法国构建了包括《文化赞助税制》《共同赞助法》等一整套文化赞助税制体系。[1]

第三，从文化资助模式来看，法国政府呈现出以下几大特点。一是将文化事业资助经费例入政府财政预算，并占据较高比例。多年来法国文化预算占国家财政预算保持在 1% 左右（我国文化事业预算占 0.38%），因此，法国文化机构资金通常都较为充足。二是与美英等国家通过中介代理机构分配资助资金不同，法国政府采用直接拨款的方式对文化事业单位（机构或设施）进行投入。三是政府部门对投入资金不是通过直接行政命令而是采用合同方式进行管理，根据双方协议中认可的指标和条款，进行运营的监督和评估，确保资金使用效果。

第四，从激励公民参与来看，法国政府高度重视文化事业中民众的参与，并积极采取措施推动文化艺术普及。例如定期免费地向公众开放博物馆、美术馆等公共文化设施，吸引民众的参与，培育文化消费习惯；支持社会力量创办群众性文化场所，开展群众文艺活动，丰富人们的文化生活；鼓励学校加大文化艺术教育，提升学生的文化艺术素养。

## 四、日本：指定代理制度

发展文化事业，丰富公共文化供给，是日本“文化立国”战略不可或

---

[1] 于萍．四川省基本公共文化服务均等化问题研究［D］．杭州：浙江大学，2011.

缺的部分。在文化事业的管理中，日本采取的是政府主导型管理模式。政府在公共文化服务中发挥着主导作用，通过行政指令、直接拨款等方式，让公共服务发展遵循着政府意志与方向。同时自20世纪末以来，日本通过税收减免、管理外包、政策优惠等措施，鼓励私人企业以及非营利机构参与到文化事业中，逐渐形成了“政府主导、多元参与”的文化事业发展模式，特别是施行“指定代理制度”（DMS）后，社会力量参与公共服务供给与设施运营的行为更加活跃，有力地促进日本文化艺术的繁荣和国民文化生活的丰富。总体而言，日本公共文化管理有以下特点。

第一，从文化管理组织来看，日本政府从中央到地方均设有文化行政部门，对全国文化事业进行管理与服务。在行政结构中，日本管理文化的最高机构是文部科学省（Ministry of Education，Culture，Sports，Science and Technology，MEXT），2001年由原文部省及科学技术厅合并而成，主要职能是统筹管理日本国内的文化、体育、教育、科学技术等事务。其中主管文化事务的是文部科学省下的文化厅，它由原日本文化遗产保护委员会和文部省文化局合并而成，主管文化艺术、文化遗产保护、国民娱乐、普通话教育、著作权、宗教和影视等方面的工作。[1]同时，日本地方政府也设有相应的行政机构，因地制宜地灵活贯彻与执行中央的文化政策。这样既保持了全国文化发展的统一性，又推动了地方政府的积极性与创造性，形成了多层级相互补充、协同合作的管理格局。

第二，从文化治理方式来看，主要是采取“宏观调控+间接管理”为主要的方式，政府通常不直接干预文化事业单位的具体经营内容和业务活动。主要管理办法如下：一是编制年度文化事业预算，日本政府每年拨出

---

[1] 毛莉．日本文化主管部门酝酿“升级”［N］．中国文化报，2010-06-08.

大量经费用于各项文化事业。据统计，1989 年日本政府用于文化事业的拨款达 5235 亿日元，占当年财政总支出的 0.79%，在世界各国中这一比率属较高水平。[1] 二是推行优惠税制。对参与公共文化服务的企业和社会组织实行税收减免政策，推动主体的多元化、扩大公共服务力量。三是加大对法律法规的制定，实行依法管理。日本是一个非常重视法律治理的国家，在文化领域，除了基础性的《文化艺术振兴基本法》《著作权法》等，还制定了促进文化事业发展的专门法律，例如《特定非营利活动促进法》《文化遗产保护法》等，这些法律为规范文化事业提供了基本依据。

第三，从管理制度创新来看，在公共文化设施领域，日本创新形成了“指定代理制度”（DMS），这是在修改《地方自治法》基础上形成的，修改后的法案允许政府将公共文化服务设施（图书馆、博物馆、文化馆等）的运营权外包给管理外包给私营企业组织或团体。DMS 实质是一种公共服务的合同外包，政府通过授权的方式将公共文化服务中一部分具体的管理职能或服务提供转交给企业、社会组织等执行，该制度涵盖了由地方政府设立的旨在提升公民福利的一系列公共设施，其中包括图书馆、博物馆、幼儿园、文化馆、社区中心和体育场馆等。[2] 随着 DMS 的推进，让大量社会组织有机会进入公共文化设施运营领域，有力提升了公共设施的运营效率。

第四，从鼓励民众参与来看，社区在其中起到了重要作用。日本社区的组织化程度很高，并在长期实践中建立的一套成熟完备的治理制度和组

[1] 张安庆，严荣利．日本政府文化事业管理体制初探［J］．武汉大学学报（哲学社会科学版），1997-07-10.

[2] 于晗，赵萍．日本公共文化服务的多元化供给及运营模式［J］．哲学与人文，2014（6）.

织体系。[1]在社区公共文化设施运营方面，例如公民馆，社区居民积极参与，其修缮、维护和运营费用，主要是居民筹资，服务主要通过社区志愿者来提供。

## 五、国际经验借鉴与启示

公共行政大师舒伯特·达尔在《行政学的三个问题》中指出，“从某个国家的行政环境中归纳出来的概念，不能够立即予以普遍化，或被运用到另一个不同环境的行政管理上去。一个理论是否适用另一个不同的场合，必须先把那个特殊场合加以研究后才能判定。”[2]所以由于存在文化传统、政治体制、市场机制、公民文化权利意识等方面的较大差异，中国不能直接机械地移植他国的策略和经验。但尽管如此，我们仍然可以从以上案例中，获得启示，更好地推进我国公共文化设施的社会化运营。

启示一，社会化运营有利于公共服务品质和效率的提升。西方国家 20 世纪 80 年代以来行政改革的核心就是引入竞争机制，推动市场化、社会化和专业化。市场机制和竞争机制能够有效地促使各个公共服务的提供主体为争夺提供权而展开激烈竞争，其结果意味着更高的生产率、更好的服务质量、更低的成本。如英国在 1979 年到 1984 年，公共部门的效率平均每年提高了 2%~3%。[3]同时社会化可以推进重新厘定了政府与市场的关系，有效调整和优化了政府职能结构，降低服务成本。如英国将政府部门承担

---

[1] 金雪涛，于晗，杨敏．日本公共文化服务供给方式探析［J］．全球视野（理论月刊），2013（11）：173.

[2] 刘华．新公共管理综述治［J］．攀枝花学院学报，2005（2）．

[3] 姜秀敏，辛志伟．西方国家公共服务市场化改革对我国的启示［EB/OL］．（2011-07-09）［2016-11-23］．http://www.docin.com/p-1510532135.html.

的某些职能以各种形式转交给私人或第三部门组织承担，从而大大精简了政府机构。

启示二，激发社会参与热情，加快培育更多社会主体。社会化运营的基础是有要大量的社会主体，例如美国正是拥有超过 190 万家的非营利机构和近 1300 万人的工作人员，这是有庞大的社会主体基数，才能有效分担政府服务职能。因此，我国要通过各种资助、委托、孵化等方式，让更多社会主体快速成长起来，成为公共服务的重要力量。这其中特别值得学习的是美国对社会组织成立条件要求宽松，但是通过制定法律、减免税收、加强监管等形式，加大鼓励和规范，既有效地激发了社会主体热情，同时又保障了社会主体坚持较好的公益性。

启示三，注重统筹协调与共建共享，建立多维伙伴关系。社会化运营，本质是一个系统工程，需要政府部门、社会主体、城市民众等多方的参与，协同合作，建设形成公共文化服务的利益共同体，真正做到“让政府放心、社会（企业）安心、民众开心”的多赢格局，才能有效推动公共文化设施社会化运营的实现健康可持续发展。例如美国、英国和日本等国家都给了我们很好的参考和借鉴，正是因为有效地调动和整合了各方资源，才让公共服务繁荣发展。目前，我国在中央层面建立了统筹协调机制（国家公共文化服务体系建设协调组），但是在地方基层、在政府与社会和民众间，还没有建立完善的协同联动机制。

启示四，推进法律法规、体制机制和税收政策等方面突破创新。社会化运营需要良好的发展环境，例如税收环境。可以说，英美等国社会组织的发展核心得益于其文化税收制度，如美国政府每年对非营利组织的税收优惠达到 445 亿美元，但这也激励了企业和私人的捐赠。据统计，2000 年，全美国 90% 的家庭向非营利组织捐过款，平均每个家庭达到 1620 美元。

这些资金一部分流向公共文化事业，为城市中艺术馆、博物馆、图书馆等公共文化设施的建设和运营，提供大量资金。目前我国在推进社会组织发展的税收优惠、立法保障等方面，还存在极大的改善空间。

启示五，要有效预防和处理社会化运营过程中的失灵问题。一是不能忽略了政府的价值和责任。社会化并不意味着政府对公共服务所承担的责任的退出，政府仍应是市场化中的主导力量。二是警惕社会化中出现的腐败问题。例如政府服务购买过程中，由于制度、程序和标准不完善，或由于信息不透明等原因，服务提供合同、特许经营权等可能存在通过贿赂、串谋而获得的情况。三是不能盲目迷信社会化，毕竟企业或非营利结构也同样存在低效率问题，存在由于信息不对称而造成的垄断问题。这些问题都是在实践中需要注意的。

# 第三章　城市公共文化设施社会化运营的系统模型建构

## 第一节　系统模型构建的基本思路

### 一、坚持“公益导向”原则

发展文化事业，推动公共文化服务繁荣，是保障公民基本文化权益的重要方式，是满足人民基本文化需求的重要途径，也是传播社会主义核心价值观、提升国民文化素养与福祉的重要载体，具有强烈的正外部性。因此，在公共文化设施社会化运营中，需要明确的一个观点即是：无论是事业单位运营还是社会化运营，其基本原则始终是“公益性”，核心追求始终是“社会效益最大化”。推动公共文化设施社会化运营，从根本而言，是在坚持公益性的基础上，引入竞争机制，通过竞争提升公共文化服务供给的质量与效率，增加人民文化福祉。

## 二、利用“系统思维”构建

社会化运营是一个系统性的工程，需要系统化、全景化的思维。因为如果没有政府机构、社会力量、城市公民以及一些支持机构的公共参与，各主体间如果没有一个潜在网络将不同的利益团体联系在一起，形成一种动态性的相互影响和合作的关系，复杂的社会化问题就难以得到有效解决。首先，提供公共文化服务是政府的基本职责，是不可推卸的责任。其次，社会力量是社会化的承接主体，只有足够多的有运营意向的企业和文化类社会组织，社会化才有可能实现。最后，社会化运营的根本目的是为广大市民提供更好的公共服务，满足其基本文化需求，因此，如何调动他们的积极性，让他们主动参与其中，亦非常重要。同时还需指出的是，在社会化运营中，新闻媒体、专业智库、中介组织等也是重要的组成部分。所以考虑社会化运营问题，必须用全面系统的思维。

## 三、着眼“利益协同”发展

实践证明，合作问题关键是利益问题，只有利益协同、互惠共赢才能推动系统可持续发展。推动社会化运营，重点是要构建一个公共文化服务的利益共同体，形成一个多元共治、互惠共赢的生态圈。因此，在系统构建时，必须考虑到参与各方的不同利益追求（见表 3–1）。例如政府部门利益追求主要是社会效益，目标是如何为城市居民提供更优质的公共文化服务，如何更有效地弘扬社会主流价值，如何更利于实现政绩的升迁。而对于社会力量而言，利益动机可能更为复杂：譬如为了实现组织的宗旨与价值，为了履行企业社会责任，为了获得更佳的品牌认知度和影响力。对于城市公民而言，可能更关注自己享受的公共文化服务水平如何，自己的建议是否被采纳，自己如何参与文化服务的决策。可见，不同主体的利益追求是不一样的。推动社会化运营，必须细致分析每个主体的利益，并从中找到最大的利益公约数，实现协同共赢发展。

表 3-1　不同主体不同的运营机制与基本利益追求❶

| 部门 | 作用机制 | 作用媒介 | 利益追求 | 运行机制 |
| --- | --- | --- | --- | --- |
| 非营利部门 | 互惠 | 信任 | 实现组织宗旨 | 志愿＋竞争 |
| 政府 | 行政科层 | 权力 | 职责／政绩 | 科层＋竞争 |
| 商业部门 | 市场 | 货币 | 牟利／社会责任 | 优化＋竞争 |
| 公民 | 需求 | 权利 | 享受服务／参与决策 | 民主＋代表 |

## 四、注重“支撑体系”保障

美英法日等国家的成功经验表明，公共文化设施社会化运营需要系列基础条件的保障与支撑，才能有效地推进。从国外运营的经验来看，构建支撑体系需要关注以下几个方面：一是政府要有财政资金的基础保障，通过政府采购、招投标等形式向社会力量购买服务。在公共产品领域，这是社会化运营存在的基础条件。二是要建立合理的税收优惠，通过税收杠杆撬动社会资源和资金进入公共领域，美英等国家主要就是通过税收减免这

❶　卢咏．第三方力量：美国非营利机构与民间外交［M］．北京：社会科学文献出版社，2011：37.

种方式为城市文化设施建设筹措了大量的资金。三是有较为完善的立法，通过法律规范运营主体的责权利，保证社会力量在运营过程中有法可依、有法可循，减少因政策和官员变更而导致的经营风险。四是要建立政府部门、社会力量和城市民众的沟通组织和机制，相互之间通过交流协商，实现利益协同和最大化。

## 第二节 系统模型设计："E-GSC-S"模型

### 一、社会化运营"E-GSC-S"模型

综合上几章节的论述，本著认为，欲有效推动城市公共文化设施社会化运营，核心是要厘清政府部门、社会力量、城市公民等三者各自的利益追求、角色定位、职能边界，以及三者之间的相互关系和支撑三者更好合作的基础系统。只有各得所求、各取所需，才能积极三者各自的积极性，真正解决目前社会化运营中存在的问题。

根据模型设计的基本思路，本著构建了"E-GSC-S"系统模型（见图3-1）。该模型结构中包括一个目标、三大主体和一个支撑体系。一个目标（Efficiency）就是以提升公共服务效能为核心目标；三大主体为政府部门（Government）、社会力量（Scical Power）、城市公民（Citizen），支撑体系（Support System）即是包括政策、法律、组织、机制、中介机构等在内的促进三方合作的基础性条件。在这个系统模型中，三大主体间是通过以利益为核心的潜在网络相互作用和相互影响，在动态调整中实现公共服务效能的最大化。

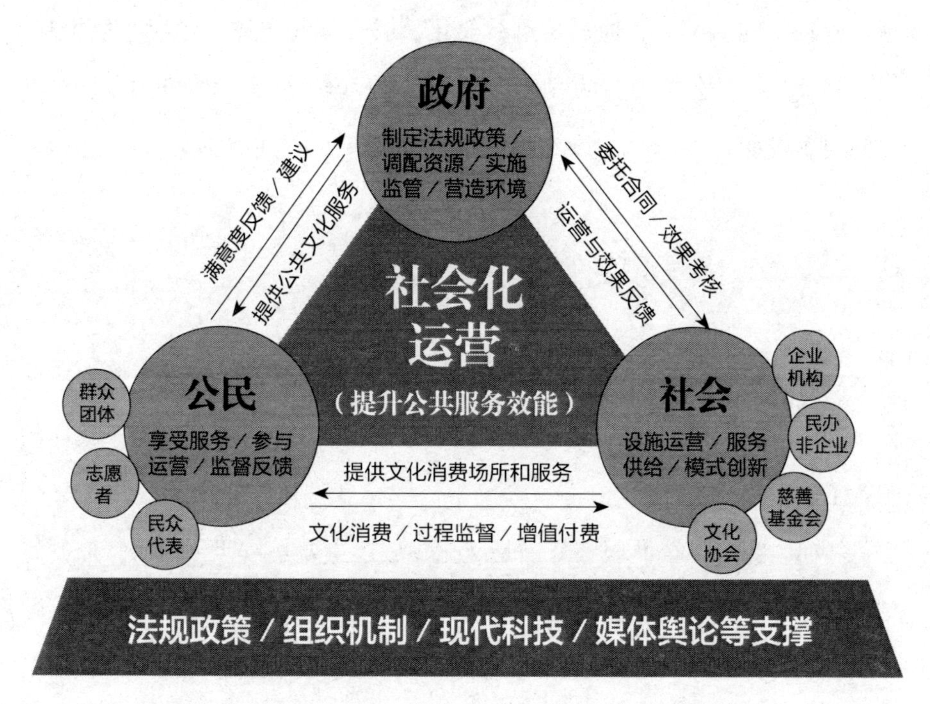


图 3-1 城市公共文化设施社会化运营“E-GSC-S”模型

## 二、E：服务效能

推动城市公共文化设施社会化运营，从根本上而言，就是要通过引入竞争机制的方式提升服务效能。李国新教授指出：“什么是好的公共文化服务机构？什么是优秀的公共文化机构管理者？过去我们没有把服务效能指标放在突出位置，导向不明确。要让服务效能实现跨越式提升，就要把体现服务效能的核心指标放在评价激励机制的突出位置。”[1]效能即用尽可能低的成本、做正确的事情，并高效率完成。在当前我国公共文化设施利用

[1] 李国新．提升公共文化服务效能思考［J］．新世纪图书馆，2016（8）．

率普遍较低的情况下，通过推进社会化，引入多元主体，形成竞争机制，进而有效地提升公共设施的服务效能，这对我国公共文化服务的发展具有重要的战略意义。

## 三、G：政府主体

政府在公共服务供给的主导地位无可取代，但从国际经验来看，应该更多地体现在宏观指导、规划协调、法规制定等方面，而非陷身于具体的服务工作中。

然而，我国在公共服务特别是文化领域还主要是按照传统的官僚制管理方式，从决策到生产全由政府机构包办，这也引起了行政机构臃肿、财务负担沉重、资金来源渠道单一等弊病。因此需要通过政府购买、招投标、PPP 等形式引入多元力量进行运营。但需要注意的是，推进公共文化服务社会化，并不应该成为政府“甩包袱”“撂担子”的脱责方式，而只是公共服务供给手段和方式的变化，其公益性的本质不能变，当然，在这种大基调下，也需要重新梳理一下政府在公共文化服务供给中的利益诉求、角色定位、主要职能。

### （一）利益诉求

根据文献材料、调研访谈以及相关问题的研究，本著认为，社会化过程中，对政府部门而言，主要有以下三个方面的利益诉求。

第一，满足市民基本公共文化服务需求。从不同时期出台的公共文化政策和法规来看，满足公民基本文化需求、保障基本文化权益，是一条不变的主线，也是反复强调的政府的重大职责。推动社会化，虽然公共文化服务的生产主体从政府部门转移到社会企业，但是基本责任不能变。换而言之，这也是政府推动公共文化服务社会化的出发点和落脚点。

第二，传播和弘扬社会主流价值观。公共文化服务设施机构是党和国家宣传社会主流价值观的重要阵地。追本溯源，从文化馆、群艺馆等设施建设的初衷来说，除了提升国民的文化素养，活跃群众的日常文化生活，还有很重要的一点即是通过这个载体传播主流价值，防止落后腐朽思想对广大群众侵袭。因此，在社会化过程中，对于党和政府而言，通过传播核心价值观，将全国人民的理想凝聚到伟大的中国梦上来，这无疑是政府核心的利益诉求之一。

第三，塑造政绩和（或）实现公务员自我价值。对于我国的行政官员而言，政绩是政治生涯的阶梯与标尺，于个人意义重大。当前，公共文化建设是考核地方领导特别是文化行政部门领导的重要指标，涉及升迁、福利等多重因素，因此，如何通过社会化提升设施运营效能，获得更好的考核评分，是政府公务员的重要利益追求。当然，在普遍追求政绩的同时，也有大量的文化工作者，为了自己的爱好或者实现自己的价值，加入公共文化服务建设的行列。

### （二）角色定位

第一，公共文化政策与法律的制定者。这是政府部门一直扮演着的重要角色。目前我国已经制定了大量的推动公共文化服务社会化的政策，例如《关于构建现代公共文化服务的意见》《关于政府向社会力量购买服务的指导意见》等，但针对公共文化设施社会化运营的专项政策或指导意见还有待出台。文化立法是规定文化建设方向、推动文化事业蓬勃发展的最强有力的武器。虽然 2017 年我国出台了公共文化领域的基本法——《中华人民共和国公共文化服务保障法》，但整体而言，文化立法还相对薄弱。截至2013年8月底，我国立法的总数大概为3.8万件，其中文化领域的法律仅占1.68%。[1]

第二，服务采购标准制定者和资金供应者。政府购买服务是政府通过财政支付的方式将公共服务委托给市场、社会或其他政府机构，政府承担财政资金筹措、业务监督及绩效考评的责任。[2]服务社会化采购的管理，关键是要建立采购标准，确保各项文化服务能够标准量化，规范和细化社会组织参与公共文化建设的相关工作机制，特别是对社会组织资质要求、参与合作的工作流程、工作合同签订、合作监管等环节，进行更细致、科学化的管理。同时政府是购买资金供给者，当前文化事业费站财政总支出的比重为0.38%左右[3]，相比国际上许多国家相对较少，同时大部分地方政府还没有将购买资金列入财政预算，主要按项目方式拨款，尚未形成长效机制，这还需要进一步完善。

第三，文化服务生产过程监管和效能评估者。政府对文化设施社会化运营不是一包了之，在运营过程中进行有效监管以及对服务效果评估非常重要，也是政府确保财政资金使用效率、满足群众基本文化需求的重要方式。过程监管主要是依据合同，由政府行政部门连同专家、市民代表等对购买承接单位进行定期或不定期的监督；在效能评估上，为了客观起见，通常委托第三方机构进行专业评估，将其评估成果作为对委托机构考核的重要依据，也是未来继续签约的重要参考。

---

[1] 范周．文化立法刻不容缓［N］．光明日报，2014-05-12（02）．

[2] 冯华艳．政府购买公共服务研究［M］．北京：中国政法大学出版社，2015：35.

[3] 中华人民共和国文化部．2016年文化发展统计分析报告［R］．北京：中国统计出版社，2016：15.

### （三）职责界定

由于文化的特殊性，政府将文化设施委托给社会力量之后，并非放任不管，而是仍发挥主导作用，利用自身拥有的权力和合法有效的手段，进行积极的引导和协调，使文化发展在国家许可的范围内，沿着特定的方向健康发展。"文化行政的文化职能就是国家文化行政职能机关对文化活动的管理，具体包括贯彻实施国家文化工作的方针政策；制定文化事业的发展战略和规范，并负责实施；颁布文化事业的发展政策、法令和规定；指导、监督、协调有关方面的文化事业发展；领导和推进文化体制改革；负责全民的思想道德建设等"。[1]在我国，国家层面负责公共文化服务的主要是文化部的公共文化司，在地方层面主要是各级文化厅、局，以及其管理的文化馆、图书馆和博物馆等事业单位。根据各个单位的职责，结合文化治理的理论，本研究认为，政府部门文化职责主要如下。

第一，决策职能。这是文化行政部门最重要的职能，包括拟订文化事业发展规划和政策，起草有关法规草案，为社会化运营提供宏观指导和良好环境等。但随着治理理论的不断被政府接受，决策更多是以政府为主导，吸纳多方参与。

第二，组织职能。核心是通过建立各种机制和制度，推动社会化健康有序发展，包括公共文化设施管理机制、政府服务购买机制、社会企业准入机制、评估激励机制等，这也是政府在推进社会化当中一项重大任务。

第三，协调职能。既要统筹不同身份属性的文化机构设施，统筹好文化系统内不同行政层级机构的联动协调，同时也要处理好政府、社会、民众间的关系，从条块分割、重复建设、资源分散，向统筹协调、共建共

---

[1] 凌金铸．文化行政学原理［M］．北京：清华大学出版社，2014：35.

享、互通联动升级。

第四，监管职能。制定公共文化设施运营的绩效评估标准，构建全方位的监督检查网络体系和市民意见反馈渠道，不断强化绩效评估和反馈结果在文化设施运营中的作用，切实提高公共文化使用效率。

## 四、S：社会主体

社会力量是实现公共文化设施社会化运营的核心承载主体。根据《关于政府向社会力量购买服务的指导意见》提出的“探索通过委托或招投标等方式吸引有实力的社会组织和企业参与公共文化设施的运营”[1]建议，同时考虑到当前已经有不少企业参与社会化运营的实际，因此，本研究将企业也归入社会力量，而不仅仅指社会组织。

第一，企业。通常是指从事生产、流通与服务等经济活动的营利性组织，其通过各种生产经营活动创造物质与精神财富，提供满足社会公众物质和文化生活需要的产品服务。[2]由于营利的需要，经营性企业通常提供私人产品，但出于企业发展战略、社会责任或领导人（团队）慈善精神等，企业也常通过赞助、捐赠、参与政府服务购买等形式，参与公共服务供给。

第二，社会组织。在我国，广义的社会组织是指除党政机关、企事业单位以外的社会中介性组织。狭义的社会组织，是指由各级民政部门作为登记管理机关，纳入登记管理范围的社会团体、民办非企业单位、基金会

---

[1] 关于加快构建现代公共文化服务体系的意见［N］. 人民日报，2015-01-15.

[2] 王军. 中国高尔夫产业发展研究［J］. 河北体育学院学报，2014（7）.

这三类组织。[1]根据《关于构建现代公共文化服务体系的意见》等文件的相关描述："培育和规范文化类社会组织，加强对文化类行业协会、基金会、民办非企业单位等社会组织的引导、扶持和管理，促进规范有序发展。"[2]因此，本著主要分析社会组织为文化类行业协会、基金会、民办非企业单位等三类。

### （一）利益诉求

社会主体中，企业和社会组织的性质和利益诉求是有本质区别的，因此需要将两者进行区别，分别论述。

第一，企业利益诉求。由于企业是营利单位，因此其核心诉求离不开企业利益。企业进入社会化运营动机主要有三类：一是通过承接政府购买服务，获得资金支持，同时依托公共文化设施，进行部分商业化运营，从而实现盈利；二是将公共文化设施作为企业价值环节的其中一个部分，目前实践上来看主要是展示、传播、体验、销售、品牌建设等环节；三是履行企业的社会责任，通过捐赠、人员支持等形式，资助公共文化服务设施的运营，但其最终目标还主要塑造企业品牌或实现企业价值。从根本上而言，企业参与公共文化服务，整体上是离不开其经营属性的，如果追求的不是直接的经济利益，也会是长期的战略利益。

第二，社会组织利益诉求。相对企业而言，社会组织不以经济利益为导向，是具有明晰的价值观、责任、使命和强烈的志愿精神的组织，遵循的是社会性的互惠机制。但在这种互惠机制下，不同类型的社会组织其利

---

[1] 文海燕，熊文，季浏．论中国体育管理主体［J］．成都体育学院学报，2012（12）．

[2] 关于加快构建现代公共文化服务体系的意见［N］．人民日报，2015-01-15.

益动机仍有差异。

民办非企业单位，是指企业事业单位、社会团体和其他社会力量以及公民个人利用非国有资产举办的，从事非营利性社会服务活动的社会组织。[1]从组织的性质来看，其主要的利益追求是践行组织创始人的宗旨，履行组织的使命，确立在行业内和社会上的地位，不断扩大服务规模和影响力。

行业协会，是依照国家有关法律、法规，由企业、事业单位自愿组成的自律性、非营利性的经济类社会团体法人。[2]其利益追求主要是针对行业的，目标是成为企业与政府的协调和桥梁机构，推动行业内部合作，代表行业与政府进行沟通，为行业和协会成员争取更好的发展环境。

基金会，是指利用自然人、法人或者其他组织捐赠的财产，以从事公益事业为目的，按照基金会管理条例的规定成立的非营利性法人。[3]其具有公益性、非营利性、非政府性和基金信托性等基本特征。因为基金会资金主要来自捐赠或者信托，因此其核心利益是践行捐赠或委托人的意志，并最大限度提升服务效率，扩大基金会影响，以吸引更多捐赠或信托性资金。

### （二）角色定位

其核心定位是社会化运营的承接与实施主体。

在整个社会化运营体系中，政府是宏观指导者、服务委托者、监督管

[1] 文海燕，熊文，季浏．论中国体育管理主体［J］．成都体育学院学报，2012（12）．

[2] 董小铭，鲍光亮，胡应雪．经济法视野下的代驾乱象规制：以重庆代驾行业为例［N］．企业导报，2013（11）．

[3] 严振书．转型期中国社会建设问题研究［D］．北京：中共中央党校，2010．

理者，民众主要是消费者、监督者和评价者，而企业则是政府文化责任与民众文化需求的有效连接者，社会力量通过承接与实施政府委托的服务生产任务，生产出人民需要的文化产品，借以实现自身在文化建设中的利益和价值。从2002年文化体制改革启动以来，不少文化企业和社会组织参与公共文化供给中来，典型的如上海华爱社区管理服务中心管理多家社区文化中心、江苏无锡全中文化发展有限公司承接无锡新区文化馆管理运营等。正是由于这些社会力量积极承接了公共文化业务，社会化才可能实现逐步的推进。

### （三）职责界定

第一，设施运营职能。承接政府社会化购买服务的要求，根据协议提供运营服务。目前政府在运营外包上，主要有整体运营、部分运营、项目运营外包等几种形式。整体运营是文化行政管理单位通过服务购买、企业通过投标等方式，将全部事务交由社会力量进行运营，政府主要负责资金支持、过程监管和绩效考核；部分运营是政府将部分公共文化场地或物业委托专业机构承办。项目运营外包更多是公共文化活动的外包，目的是通过更多丰富的活动以增强设施的吸引力。

第二，服务供给职能。公共文化设施运营的核心就是提供各种服务内容，通过丰富多彩的文化服务或文化活动，吸引更多的市民到文化阵地来。由于公共文化设施是政府传播社会主义核心价值观、提高全民文化素养的重要载体，具有公共属性与意识形态属性。因此，作为文化服务的提供者、社会力量，必须坚持正确的思想导向下开展各项文化服务。在实践中我们可以看到，由于文化服务涉及意识形态，很多行政部门并对社会力量运营并不放心，担心宣传不健康的内容。因此，坚持正确的政治和宣传方向，是运营好文化设施的基本前提。

第三，模式创新职能。作为社会化运营机构，并不像事业单位一样，收支都有政府来托底。社会机构特别是企业需要自收自支、自负盈亏，而公共文化设施的运营公益性较为突出，也没有政府那样多的资源，难以保证收支平衡。因此，社会主体必须不断创新运营模式，实现组织的可持续发展。

## 五、C：公民主体

城市公民是公共文化的服务对象，同时也是社会化的重要参与者。《中华人民共和国宪法》第四十七条规定："中华人民共和国公民有进行科学研究、文学艺术创作和其他文化活动的自由。国家对于从事教育、科学、技术、文学、艺术和其他文化事业的公民的有益于人民的创造性工作，给以鼓励和帮助。"[1]《中华人民共和国公共文化服务保障法》第四十六条规定："支持公民、法人和其他组织参与提供公共文化服务。"[2]因此，在公共文化设施社会化运营中，充分保障公民的参与权、监督权等，激发公民的热情与智慧，是不可或缺的环节。

### （一）利益诉求

在公共文化设施社会化运营中，城市公民的核心诉求是：能通过有效的渠道参与决策制定和设施运营过程，更好保障自身的文化权益，不断实

[1] 赵琳宇. 国家艺术创新制度研究［D］. 北京：中国艺术研究院，2015.

[2] 中华人民共和国公共文化服务保障法［EB/OL］.（2016-12-25）［2016-12-27］. http://www.npc.gov.cn/npc/xinwen/2016-12/25/content_2004880.htm.

现自己的文化创造、文化选择、文化消费、文化传播、文化评估等权利。在我国由于长期以来政府垄断文化服务供给，许多人认为文化服务是政府的事情，与自己无关，文化权利意识较为薄弱。因此，在社会化推进过程中，要加大宣传和引导，不断增强公民的文化权利意识，让其更主动地参与到文化建设中。

### （二）角色定位

城市公民在社会化运营中主要扮演着以下三种角色。

第一，社会化运营服务的消费者。城市公民是社城市公共文化建设的直接受益者。公共文化设施社会化运营由于引入了竞争机制，在多元主体竞争的条件下，服务供给机构通常能够提供给市民更贴近其需要、服务质量更好的文化产品和服务，提升市民的文化福祉。

第二，社会化运营的参与者。随着文化自治的发展和公民综合素质的提高，城市公民不应再是单纯地消费和享受公共文化服务，而是将逐渐参与到文化决策和设施运营中。通过参与，一方可展现自身才华和价值，另一方面也能有效降低运营机构的运营成本。

第三，社会化运营的监督和反馈者。对公共文化设施运营情况进行监督和反馈是市民的权利和义务。但目前仍在问题：一是市民的公民意识还没有很好培育起来，很多市民对文化设施运营情况并不了解，也并不很关心；二是缺少通畅的反馈渠道，缺少有效的评估方式，长效的反馈与评估机制还没有建立起来。

### （三）职责界定

城市公民在推动公共文化服务设施社会化运营中，主要有三个方面的职责或者需要动员其提升三个方面的积极性。

第一，参与社会化运营。其中主要有两种方式，一是作为公民（代表）参与运营过程中的决策过程。公共文化设施的建设和运营必须有人民大众的公共文化愿景的参与，才能真正反映人民群众呼声，作为市民而言，也需要强化公民意识，积极争取自己的文化权益。二是作为文化志愿者，参与日常运营。志愿者是公共服务供给的重要力量。在我国，公共文化服务一直以来由政府直接供给，公民参与意识和激励不足，因此志愿者在文化领域还不活跃。但在国外公共文化设施（例如公益性博物馆）的运营中，工作人员和志愿人员的比例可达到1∶4，这极大地降低了公共管文化设施的运营成本。

第二，对服务进行反馈。社会化运营从根本上而言是为了更好地满足市民需求，因此市民对服务的反馈非常重要。需要对服务的前中后期全程激发市民的积极性。在服务提供前，要通过调研、问卷等形式，充分了解市民需求，实现“点单式”服务；在服务提供中，要激发市民积极进行反馈，从而动态调整服务内容和重点；在服务完成后，要调查市民的满意度，成为评估运营机构的重要依据，促进运营机构不断改善文化服务。

第三，监督社会化运营。对公共服务社会化运营机构进行的监督，也是城市公民的权利之一。实践证明，通过监督可以有效地提升运营机构的服务积极性、社会责任感，提升运营的透明度和机构的公信力，特别在资金使用方面。因此，应将政府购买的资金和机构使用的资金情况，对市民进行公开，便利公民在资金使用、服务供给等方面的监督，督促社会机构提供更好的文化服务。

## 六、GSC：三者相互关系

公共设施社会化运营是一个系统性的工程，不仅需要政府部门的积极主导和推动，还需要社会、公民等多方的积极参与。只有以提升公共文化设施的服务效能为核心，以共同利益为纽带，强化政府部门、社会力量、城市公民三者之间的良性互动，才能从根本上推动社会化运营的深入与持续。

### （一）政府部门与社会力量

从二者的双向互动关系来看，主要互动如下：

第一，政府通过政策和资金扶持等方式培育社会主体，在条件成熟的情况下，委托协议将公共文化设施的运营委托给社会力量，并在运营过程中对运营机构进行监督，并对运营效果进行年度考核。在这个过程中，政府的重要职责：一是要针对当前社会力量（特别是文化类社会组织）实力较弱的情况，加大对社会主体的培育，打造一定数量的、合格的承载主体；二是要制定好委托协作合同，确定委托的内容、要求、标准、资金、达到的效果、评估的办法等，为后续的合同管理奠定基础；三是要根据合同协议，与第三方机构、城市公民一起，对运营效果进行季度和年度的考核，评定出等级，进行相应的奖惩措施。

第二，社会力量根据协议负责文化设施的运营，并接受政府的监督与考核。协议通常包括运营内容、资金额度、服务效果等详细的契约，是社会组织开展设施运营的基本依据。为了保证运营主体切实履行协议，在设施运营的过程中，社会主体需要接受政府和市民的监督与评估，只有取得较好的考核成绩，社会主体才能顺利续约，保障组织机构的持续发展。

### （二）政府部门与城市公民

在社会化运营过程中，二者的互动关系如下：

第一，政府通过委托社会力量供给的方式为市民提供基础公共文化服务。

随着政府向管理型和服务型政府转变，对文化服务从直接管理向间接管理转变，政府通过委托社会力量，向城市公民提供服务。在这其中，政府需要建立良好的互动沟通机制，根据市民的需求设定服务产品，根据市民的反馈积极调整服务内容，从而落实政府的职责，满足公民基本文化需求，并传播和弘扬主流价值观，不断提升广大市民文化素养，推动文化强国建设。

第二，城市公民参与服务购买决策并将对运营机构进行监督和反馈。

根据新公共服务理论，在政府提供服务时，不能只将人民作为顾客，更是应当做公民。不仅要关注顾客的需求，更要关于公民并且在公民间建立信任和合作关系。公民是具有主导权、参与权的群体，这也是我们在推动社会化运营需要强调的。就是要充分激发城市居民的主人翁精神、公民意识，积极参与到公共服务的决策之中，参与到服务提供过程中，监督管理和意见反馈之中。参与方式可通过公众接触、公民会议、咨询委员会、公民调查等。

### （三）社会力量与城市公民

第一，社会力量代理政府为城市公民提供文化服务场所和文化产品（服务）。城市公民是文化设施运营机构的直接服务者，为其提供更好的服务是主要任务。根据目前的经验，要提升服务，一是合理安排文化设施的开放时间，尽量让不同年龄的人都有机会参与；二是大力整合资源，通过各类活动吸引更多的市民前来；三是要与相关部门联合，大力发展文化志愿者参与，降低成本、提升影响力。

第二，城市公民消费公共文化服务，对服务进行监督与评估，并可做志愿者参与运营。从目前来看，城市公民的权利意识和参与意识还需要培养。大多数市民对社会机构缺少认识和监督，也很少到文化馆、综合文化服务中心等设施去进行文化消费。同时在志愿服务方面还缺少意识与习惯，很少志愿参与到文化活动的举办、文化成果的创造、文化产品和服务的提供中。而从国际经验看，在公共文化设施的运营过程中，志愿者是非常重要的力量。例如，在德国，活跃在文化领域的志愿者占到公民数量的5.2%。[1]

## 七、S：支撑体系

要促进政府部门、社会力量、城市公三者间的互动合作，建立一个公共文化服务的利益共同体，多元共治、互惠共赢的生态圈，离不开政策法规、组织机制、现代科技和媒体舆论等多方面的基础支撑。

### （一）政策法规

国际经验证明，合理的政策和立法是推动公共文化服务社会化发展的最重要方式。例如，美国联邦政府由于其奉行市场主导的原则，政府不设中央层面的文化部，不对文化生产进行直接的干涉，因此主要通过法律制定、税收减免等形式，鼓励和促进社会力量参与。联邦税收法案规定：对

[1] 黄昌勇．公共文化建设社会化的根本［N］．文汇报，2015-03-30.

非营利的美国文化艺术团体和机构免征所得税；凡赞助非营利文化艺术团体和机构的公司、企业和个人，其捐助款可免缴所得税。[1]在这些政策的激励下，社会各界对公共文化的捐助成为运营资金的重要来源。当前我国在鼓励社会力量进入公共服务的政府和法规还是不够完善，特别是税收优惠政策，难以操作和落实，严重影响了社会力量参与的积极性。

### （二）组织机制

组织机制是推动社会化运营的基础。在文化领域，我国长期以来实行的是苏联式的计划型、垄断型管理体制与机制，在市场经济发展的大背景下，迫切需要进行改革。从当前来看，一是要大力健全法人治理结构。特别是要加快推进事业单位理事会制度建设，积极引入外部理事（包括运营机构代表、城市民众代表、社会专家等），让理事参与到决策和监督之中，让运营服务更好地体现公益性，满足利益各方的需求。二是要加快构建协同发展机制和信息沟通机制，采取联席会、议事会等办法，定期对运营中出现的问题进行协商，调动各方力量与智慧，实现多元参与、协同共治。

### （三）现代科技

推动社会化运营、提高服务效能离不开公共文化与科技的深度融合。特别是以移动互联、大数据、物联网、虚拟现实和人工智能等为代表的新科技，正在改变着我们传统的生活方式和服务业的发展形态。近年来各地结合新科技，创造出了公共文化服务的新手段、新模式，取得很好的效果。例如一些公共图书馆、文化馆、博物馆建设了数字化、虚拟化的体验

[1] 徐长银．美国文化管理的特点［J］．红旗文稿，2011（11）．

平台，让公众能更好地感受到文化的魅力。这些科技应用探索的成功，显示了“互联网+”在文化设施运营领域的广阔潜力。可见，未来公共文化设施运营一定是科技和文化融合的重要阵地之一。

### （四）媒体舆论

由于社会化运营在我国还属于新兴事物。当前各界对公共文化服务的社会化运营还缺少了解，对社会组织存在各种的疑虑。为此，需要鼓励媒体积极进行宣传和引导，创造一种有益于公共文化社会化和社会组织成长的有利空间，加速其成长速度。相比美国等西方具有很强的社会化传统和氛围的国家而言，我国还需要通过媒体，营造更优越的社会化发展氛围。

# 第四章　政府部门推进社会化运营的策略研究

## 第一节　政府推进社会化运营的主要策略

### 一、转变发展理念

#### （一）重视公共文化服务建设

推动公共文化设施社会化运营，其基本前提是要政府重视公共文化服务。特别是在威权性政府治理的模式下，政府的重视，是发展公共文化服务、顺利推进公共文化设施社会化运营的关键性因素。

就我国情况而言，政府重视公共文化服务，重点需从以下方面着手：一是各地政府应将公共文化服务的工作纳入地方发展的总体规划和战略布局，特别是县一级政府应该加大对公共文化服务的重视。当前的税收体制和行政权力格局下，发展公共文化服务，除了中央出台各种政策外，关键是要激发地方政府的积极性。只有当地政府主要领导重视文化建设，文化服务才能加速发展。二是要通过多种方式激励各级文化行政部门的积极性与主动性，发挥其引导和促动作用，同时也要调动文化馆、图书馆、博物馆等事业单位的积极性，推动其积极探索社会化运营模式。三是各级政府要将公共文化服务发展和公共文化设施运营效率作为重要指标，列入相关领导的年度考核范围。只有将其作为考核指标，事关地方领导政绩与升迁，才能引起持续的、较高的关注。

### （二）加快转变政府文化职能

推动公共文化服务设施社会化运营，即是要从供给侧结构性改革出发，改变公共文化服务供给单一和单向的传统体制。我国在长期的计划经济体制下，形成了政府高度垄断的文化服务供给模式，但随着市场经济体制的逐步确立和人们日益多元化的文化消费需求，单一的政府供给制已经制约着我国公共文化服务的发展。从当前来看，关键是要实现三个转变。

第一，从办文化向管文化转变。即改变从前文化行政部门通过建设事业单位、直属企业等形式，大包大揽直接向公众提供文化服务的方式。在坚持政府主导的前提下，应将一些文化事务通过委托、招投标等形式让渡给社会力量，政府主要负责标准设计、监督检查、绩效评估等内容，从而使政府不再担当公共文化服务和产品的唯一提供者，更好地扮演公共文化服务促进和管理者的角色。

第二，从管微观向管宏观转变。文化行政部门要尽量减少微观事务管理，腾出更多精力管宏观事务，有所不为才能有所为。文化行政部门要更多将有限的精力放在规划、政策和制度的研究与制定上，放在社会主体的培育和公共竞争环境的营造上，而具体服务和产品的生产供给尽可能委托给更专业的社会机构。

第三，从面向直属单位向面向全社会转变。多年来，文化行政部门形成了一批自己的直属单位，包括事业单位和企业等，这直接导致了“政事不分”“政企不分”，形成了内部的利益团体，资源很难向社会延伸。因此，下一步文化行政部门应转变思维，引入竞争机制，推进直属单位改革和社会化发展。

具体针对公共文化服务设施社会化而言，政府一是要转变文化职能，理顺政府与市场、社会力量的关系，推动文化领域政企分开、政事分开和管办分离；二是制定公共文化服务社会化运营相关的规划、建议和相关政策，保障公共文化服务社会化健康有序发展；三是积极降低社会力量注册与进入门槛，通过孵化、培训等手段加大培育，壮大社会力量主体。四是制定有效的委托标准、监管制度等，保障社会化能够在政府有效管控范围内繁荣发展；五是要坚持以人为本，充分重视群众文化需求，推动文化自治，发挥广大人民群众在建设公共文化服务中的主动性和积极性。

### （三）增强多方协同合作意识

由于在中国“官本位”的思想根深蒂固，长期以来行政部门对社会力量怀有一定的排斥心理，缺少协同合作的主动意识。特别是在文化领域，由于文化事业具有很强的意识形态属性，因此，政府对社会力量往往存在着不信任的现象，宁愿交予直属的事业单位或国资背景的企业，而不愿放手交给社会组织。同时政府还存在“部门本位”的思想，文化行政部门与文联、作协、教委、工青妇等系统合作不多，资源整合不够，难以实现公共文化设施效益最大化。

推动公共文化设施社会化运营，政府部门需要大力克服“官本位”“部门本位”的思想，增强协同合作的意识，在招标采购、优惠政策等方面，真正做到将体制内和体制外的生产与服务主体同等对待，给予一个公平的竞争环境，充分激发和释放社会参与公共文化服务的活力；同时发挥文化部门的牵头和主导作用，加快与教委、工青妇等系统的文化设施资源合作，壮大公共文化服务社会化的发展空间和网络，形成更大的发展合力。

## 二、改革体制机制

### （一）调整文化体制目标的价值向度

一种体制的目标决定着该体制的总体价值取向。受到我国严格行政科层体系的影响，我国文化体制在目标向度上具有价值逆向性，即现行文化体制在运作过程中很大程度上属于向上负责，基层文化行政部门的公共服务意识及其责任明显低于对上级执行使命的承诺。[1]这在一定程度上导致基层文化行政部门、文化事业单位主要是以上级领导满不满意、认不认可作为主要的衡量标准，而对群众的真实文化需求不够重视，这也是出现大量政绩工程、形象工程的重要原因。

推动公共文化设施社会化运营，从大层面而言，需要政府真正做到牢固树立以人民为中心的工作导向，以基层为重点，真正注重公众的文化主体地位和公共文化生活的主旨需求。因为本质上而言，“决定政府文化治

[1] 张健. 对发达国家博物馆管理的学习与借鉴［J］. 博物馆研究，2011（2）.

理能力和文化服务绩效的不在与制定什么样的文化规划以及这些规划的行政支配落实程度，而更在与人民群众的普遍受惠于满意程度以及国家公共文化空间的文化和谐状态”[1]。在推动文化体制改革过程中，非常重要的一点即是要建立顺向性的体制目标，真正关注群众公共文化需求，以人为本，以需要为导向，让公共文化服务的生产和供给反映群众真实的文化需求。

### （二）推进管理体制改革

没有管理体制的深化改革，就难以实现公共文化服务的社会化发展。从美国、英国、日本等国家经验来看，合理的管理体制是社会化的基础。当前我国文化管理体制还存在系列问题。推进理体制改革，重点是要从以下两个方面着手。

第一，推动“单中心治理”向“多中心治理”转变。在公共治理中，多中心主要是指多个权力中心和组织治理公共事务、提供公共服务。多中心治理原则不仅是改革后的政事关系中的重要原则，也是推进政事改革的重要动力源泉。政事改革需要来自公共文化消费者的认同与支持，而只有进行“公众赋权”，事业单位改革过程中来自既得利益共同体的阻力才能有效地突破。[2]目前事业单位改革成本支出者和受益者的话语能力完全不同。如果体制设计不能把持续的多元动力导入体制改革过程中，改革将缺少支持者和同盟者。只有推进多中心治理，调动更多的力量参与到文化治理过程中，体制改革才能更有效地推进。

---

[1] 王列生，郭全中，肖庆．国家公共文化服务体系论［M］．北京：文化艺术出版社，2009：53.

[2] 邓小昆．事业单位改革需破解四难题［N］．深圳商报，2009-08-19.

第二，推动“政事分开”，探索契约式管理。目前文化行政部门和文化事业单位（如图书馆、文化馆、博物馆等）是通过行政方式进行管理，这种方式不仅束缚了文化事业的主动性和服务质量，也限制了社会力量的进入。在当前我国进行的文化体制改革过程中，推动政企分开、重新定义政府与事业单位之间的关系就是重要内容。但政企分开后，应该采取什么样的管理方式？根据法国等国家的发展经验，契约式管理是一种较好的探索。所谓契约式管理，即用相对固定的、清晰的契约，约定各个层级、各个方面的职能和责任及相互关系，所有管理机构以及管理人员的行为都是由契约来约定。[1]对于文化领域而言，即通过签订文化协定这一种契约形式来确保实现管理目标。[2]具体而言，我国文化领域推进契约式管理，就是要改变文化行政部门和文化事业单位间的行政隶属关系，而是通过双方签订合作协议的方式，规定各自的职责与权利，让文化行政部门在提供公共文化服务中有更多的主体选择，也让文化事业单位有更大的自由度和积极性。

## （三）积极引入竞争机制

党的十八届三中全会《中共中央关于全面深化改革若干重大问题的决定》提出“引入竞争机制，推动公共文化服务社会化发展”。这是在社会主义市场经济发展不断深入的背景下，党对文化事业发展的重大部署。目前文化公共服务整体还处于政府单一供给阶段，这也导致了公共文化服务

[1] 苗金红，刘延锦，王俊平，田瑞杰．契约式管理对居家腹膜透析患者社会支持和生活质量的影响［J］．郑州大学学报（医学版），2013（7）．

[2] 贾磊磊，潘源．文化立国的践行之路：发达国家文化发展的战略选择［J］．民族艺术研究，2012（4）．

与群众需求不匹配、服务效能不高等问题。只有引入竞争机制，才能增加事业单位的危机意识、成本意识，提升服务的效率。

在未来引入竞争机制的过程中，一是要继续推进文化事业单位建立法人治理结构，积极在文化馆（站）、基层综合公共文化服务中心、图书馆等单位构建起理事会决策、管理层执行、监事会监督的“三权制衡”的现代事业单位制度体系，落实文化事业单位法人自主权，让事业单位成为竞争主体。但需要注意的是，即使事业单位脱离了原来行政主管部门的主管，其投资人仍然是政府，事业单位仍然要受到出资人的监管，这样才能保障事业单位的建立初衷。二是加大吸引社会力量参与力度，对于公共文化服务设施的社会化而言，就是要在坚持政府主导责任的前提下，将政府投资或社会兴建的各类公共文化设施，通过委托或招投标等方式吸引有实力的社会组织和企业参与，由其代为运营和管理，发挥其灵活反映市场需求、服务较为专业化等优势，有效提升文化设施的服务效能。

## 三、推进制度建设

### （一）完善服务购买制度

政府购买公共服务，是将公共财政支出范围内的公共服务“外包”给社会主体，以契约形式来完成服务提供。[1]由于目前公共文化设施的运营资金绝大部分来自政府财政，因此，完善政府在这一领域的购买制度，是至关重要的。

第一，要明确服务购买主体。由于公共文化服务设施社会化运营具有

[1] 贾西津．政府购买公共服务的国际经验［N］．人民日报，2013-10-03.

较强的专业性，因此目前购买方主要是承担提供公共文化的各级行政机关，包括文化厅、文化局、区文化委员会等机构。例如“北京市海淀区文化委员会海淀区北部文化中心文化馆服务外包项目”的购买人即是北京市海淀区文化委员会。但在这个过程中，由于文化体系具有一定的封闭性，常常导致外部社会力量难以公平对待和有效介入，因此，建议推动购买主体的改革，采取香港服务购买的模式，将公共文化服务纳入政府的整体招标平台，允许各类合格的机构来投标。

第二，科学选定承接主体。公共文化设施作为保障人民基本文化权益、弘扬社会主义核心价值观的重要阵地，与一般的设施运营不一样，大量涉及意识形态和价值观等问题，一般的企业不了解也难以进入这个领域。因此，必须制定科学的准入标准，例如必须是合法登记注册的社会组织，需要有专业服务能力评定的证明，需要有较稳定的核心团队。其中，非常重要的一点，即是要注重对团队领导人的评估。其有三个基本标准：一是领军人物应该熟悉、了解和热爱文化馆事业，有高度的文化自觉，强烈的文化责任感和炽热的文化情怀。二是具有开阔的文化视野、深厚的文化修养、深刻的文化思考等；三是具有良好的个人素质以及出色的工作能力，具有较广阔的社会资源。

第三，细化服务购买内容。要对在公共文化服务设施运营中采购的内容进行细致说明并根据内容制定详细合理的评估标准，图书馆、博物馆、美术馆等设施运营内容相对简单，容易进行评估，但是对于文化馆等文化机构，由于其涉及大量的文化活动，很多难以量化。因此，对于文化馆等文化设施的运营而言，制定好评估标准是非常重要的。同时，在购买内容上要有一定的持续性和稳定性。由于目前我国文化类社会组织力量还薄弱，资金来源渠道也较为单一，运营经费主要来自政府的拨款。因此就存在这样的问题：为了承接政府服务组建了企业机构，招聘了人员，开展了正式运营。但是由于现在的运营服务是一年一签，因此企业难以进行长期考虑，在招聘人才上也存在短视问题。因此，对于文化设施运营而言，相对其他普通的项目购买，此类服务购买应该有较长期或较灵活的购买协议，例如可以有三年或五年的协议期，但是每年一签，服务金额可以适当调整。

第四，明确服务购买形式。根据国内外的实践，主要有三种常用的形式。一是合同承包，这也是国内外政府购买公共服务的最典型的形式。基本做法就是通过招投标的方式把政府的公共产品的生产权和提供权转让给私营部门。这样做的主要目的是转变政府角色，从直接生产者变为服务监管者，充分发挥社会力量专业性强、机制灵活等优势，为公民提供更优质的公共服务。二是直接资助，基本做法是作为购买者的地方政府对于承担公共服务职能的社会机构和组织给予一定的资助，资助的形式既有经费资助，也有实物资助，还有优惠政策扶持等。[1]例如，政府为公共文化设施的配套装备提供资金补贴等。三是项目申请制，即是政府将购买内容打包成项目，提出招标的要求，然后吸引社会力量来招标，评审后以项目经费的形式予以支持。项目制通常比较灵活，适合小型的、临时的委托。

第五，提供资金保障。其中关键是要保障资金的数额与持续。从政府行政角度而言，只有将这部分经费例入年度的财政预算，才能得到较好保证。同时在采购服务的资金拨付上，目前来看，采取“基本报酬＋绩效鼓励”形式，分多次拨付较好，这样能较为有效地控制承担机构的服务质

[1] 万孟琳．广州市异地务工人员就业培训服务的政府购买研究［D］．广州：华南理工大学，2015.

量。例如，上海魏塘文化活动中心委托众悦公司的合约中就规定，在30万元的委托经费中，只有24万元是基本报酬，剩下的6万元需要视评估效果而定。事实证明，这样可以在一定程度上调动运营企业的主动性和积极性。

第六，健全服务监管机制。在社会化过程中，政府应建立起动态管理和动态监督办法。在服务立项、招标、订约、实施、调整、评估、反馈等一系列环节都应具备动态的管理办法和相应的监督部门。同时由于文化行政部门人员和精力有限，因此要推动政府监管、行业自律、社会监督相结合。例如，新加坡政府就要求社会组织进行行业自律，提供并公布组织活动情况等；并要求按时公布财政年度报告、独立审计报告、所得税申报表等，以供公众查询；此外，还通过媒体报道、民众举报等形式，掌握社会组织违法行为，并协同警察、反贪局等进行查处。这样，就将社会组织置于政府、行业和社会的有效监督之下。

第七，强化服务的绩效评价。建立健全政府、民众与独立第三方的综合性评审机制。在评审中，要注重对评估指标的设计，包括服务易得性指标（如开放时间、访问次数、电子资源的数量及使用率等），包括服务效率指标（如公共设施使用比率、文图博每人次的平均访问成本、每人次政府承担成本等），同时在绩效评价指标体系中，要增加社会公众满意度指标的权重。

### （二）规范运营管理制度

由于文化设施社会化运营中，运营主体、运营内容等多样繁杂，因此建立规范化的运营管理制度，具有重要的意义，特别是在社会化运营的探索时期。运营管理制度，具体而言，包括制定规范的社会化管理工作方案、运营服务标准、服务流程标准、主体资质标准、监督管理办法、费用参考、合作文本参考等各项标准和规划。上海是我国社会化运营的先行地区，其规范化和标准化工作也做得较好。上海市文广影视管理局从2013年下半年开始邀请有关专家和市民代表共同组成课题组，通过问卷调查、实地考察、访谈座谈等方式深入开展调研。在充分调研的基础上，起草形成了《关于推进上海市社区文化活动中心专业化社会化管理的工作方案》《上海市社区文化活动中心专业化社会化管理服务标准》《上海市关于政府购买社区文化活动中心专业化社会化服务的参考流程》《上海市社区文化活动中心专业化社会化管理主体资质标准》《上海市社区文化活动中心专业化社会化管理费用参考》以及《上海市社区文化活动中心全委托管理服务合约参考文本》等标准和规范的初稿，并随后广泛征求区县、街镇、市民代表意见，不断对标准和规范文件进行了完善和修改，形成了各项标准和规范。[1]

### （三）完善文化捐赠制度

世界各国在实践中形成了适合自身发展的文化艺术捐赠制度体系，该体系的形成宏观上与其政治、经济、文化传统密切联系，微观上与慈善制度、税收制度、文化管理方式以及慈善文化氛围相依存。发达国家促进文化捐赠事业发展的经验主要体现为：税收的激励和引导、严格的法律监管以及慈善文化的建设等方面。

当前我国多数文化单位至今未设立专门的捐赠管理部门，缺少系统内

[1] 徐清泉．上海公共文化服务发展报告（2016）[M]．上海：上海社会科学院出版社，2016：48.

动员社会捐赠的机制和专业队伍，加上事业单位体系较为封闭，文化场馆内在主动吸纳社会捐赠的积极性不足。因此，推进文化捐赠，建议采取以下措施：一是要设立接受捐赠的部门和后服务体系，形成捐赠的权威渠道；二是创新探索基金会等承接捐赠的新模式，吸引社会力量参与，例如杭州市成立了图书馆事业发展基金；三是要宣传地方的慈善文化传统、激发民间的捐赠积极性；四是创新捐赠机制，拓宽捐赠的方式，例如深圳图书馆成立了捐赠换书中心；五是健全激励和监督机制建设，即完善以税法为核心的法律激励机制，以信息公开、财务审计为中心的严格审计与监督机制。

### （四）完善文化志愿者制度

整体而言，目前我国文化志愿者制度还不完善。我国志愿者制度不是在本土传统中直接产生的，而是在学习和借鉴国外志愿者制度的基础上，结合中国志愿服务实践和公共文化志愿服务实践逐步建立的。目前，从文化部到一些省（市）以及一些地方已经出台了一系列关于文化志愿者的政策和文件，主要有《文化部中央文明办关于广泛开展基层文化志愿服务活动的意见》《文化部关于印发“春雨工程”——全国文化志愿者边疆行工作实施方案的通知》《上海文化发展基金会志愿者管理办法》以及各地制定的文化志愿者招募公告等。尽管这些关于文化志愿者的制度性文件还比较简略，比较粗疏，但是也为我国文化志愿者制度建设良好的开端和重要的基础。对与公共文化设施单位而言，下一步重要的任务，一是加快完善文化志愿者的注册招募、服务记录、管理评价和激励保障机制等工作；二是积极动员组织艺术家、文化名人、专家学者等社会知名人士参加文化志愿服务，提高机构的服务能力和社会影响力。

### （五）推进公民自治制度

通过宣传等多种方式，增强市民的文化权利意识，积极探索形成充满活力的基层群众自治机制，激发城市居民的自我管理、自我服务、自我教育、自我监督。从具体措施来看，建议：一是成立相关公共文化设施的“文化委员会”和“联席会”，由居民代表参与协商与决策，反映居民的利益诉求，实现居民的文化权利。二是推进以居民为主体的文化团队建设，让数量庞大的居民团队成为社区文化活动中心运营和自治的重要抓手；三是推动构建文化志愿者服务网络，建立健全群众文艺志愿队伍领导机构，加强对文化志愿服务工作的指导、协调与统筹，让市民通过志愿形式更深入地参与公共设施的运营过程。

## 四、健全政策法规

### （一）优化财税政策

由于公共文化设施的公益性，在运营过程中很难获得较高的经济效益，因此许多文化企业缺少进入的积极性；而文化类社会组织自身实力弱小，资金来源渠道单一，主要依靠政府的财政资金，难以壮大。因此，政府需要制定积极的鼓励政策，吸引更多社会力量参与，扩展资金来源渠道。

第一，制定针对社会化发展的专项鼓励性政策措施。《中共中央关于深化文化体制改革推动社会主义文化大发展大繁荣若干重大问题的决定》《关于加快构建现代公共文化服务体系的意见》等文件和意见都提出要落实鼓励性政策，支持社会力量（包括文化企业、文化类社会组织等）参与公共文化服务。包括提出采取政府购买、项目补贴、定向资助、贷款贴息等政策措施。从目前来看，由于我国文化体制方面的原因，各类政策资金更多落到事业单位，社会力量相对难以获得资金的支持。因此，在未来，应出台专门针对鼓励社会力量参与的政策措施，制定更细化和合理的政策，让更多社会力量有积极性参与。

第二，细化和落实社会捐赠的税收减免政策。根据国际经验，税收政策是促进社会捐赠、激发民众参与的主要方法。为了推动社会力量的参与，我国政府也出台了鼓励企业捐赠公共文化事业的税收抵扣政策。但在政策落实过程中，却难以落地。究其缘由，目前还存在税收优惠资格的认定范围不广、减免程度不够、操作程序太烦琐、财政审计和公开监管不严等问题，使得对社会捐赠的激励效果不够。同时，目前各类文化场馆运营机构缺少接受捐赠的合法依据和合理流程，其公信力也不足，实施起来难度较大。相对而言，例如日本等国家，其税收减免就比较细致，实施起来也较为容易。

第三，让社会化运营机构享受到现有优惠政策。从经济角度而言，社会化运营机构也是文化产业的主体之一，应该享受到现有文化产业方面的政策。但是，目前这些机构还是以商业性质对待，例如水、电等收费，没有享受到产业优惠政策。这也导致了社会化运营企业的成本提高，增加了运营的难度。未来政府在制度文化产业政策时，应考虑到这一部分企业，使其能享受到多重的优惠政策。

### （二）完善法律法规

通过利用法律法规来鼓励各级政府、企业团体以及全社会对公共文化服务的支持，是推动公共文化事业发展的重要方法。长期以来，我国文化管理主要采取行政手段调节，法律手段少，文化立法少，特别是缺乏基础性、全局性、高层级的法律法规。2016年12月全国人大会议通过的《中华人民共和国公共文化服务保障法》是一部具有里程碑意义的法律。但这个法律毕竟是基础法，是立足宏观和框架性的法律，缺少具体可实施的法律细则。因此，还应该在此法律的基础上，针对社会化运营部分进行细化，以便进行设施操作。

第一，尽快颁布统一的公益组织法。我国尚无完整的管理非政府组织的法律。对非政府组织管理，主要根据国务院颁布的《社会团体登记条例》等，以及各地各部门自行制定的地方性法规和规范性文件，立法层次不高，对非政府组织的内部治理缺乏规范，已难以适应各类非政府组织迅速发展和加强对其管理监督的需要，这也是许多非政府组织主动依附政府机构的主要原因。因此，要将基金会、公益性社会团体、公益性民办非企业等统一在公益组织法中，对其法律地位、业务范围、税费待遇等有明晰的规定。

第二，根据现有税收减免法律，制定社会化运营税费减免的细则。《中华人民共和国企业所得税法》第九条规定："企业发生的公益性捐赠支出，在年度利润总额12%以内的部分，准予在计算应纳税所得额时扣除。"《中华人民共和国个人所得税法》第六条规定："个人将其所得对教育、扶贫、济困等公益慈善事业进行捐赠，捐赠额未超过纳税人申报的应交税所得额百分之三十的部分，可从应纳税所得额中扣除。"但这些税法对公共文化而言，还缺少针对性，立法部门还应根据这些基本法律，制定更加切实可行的针对社会化运营的法规条款。

第三，制定严格的法律监管体系，提升社会机构的透明度与公信力。例如英国《慈善法》明文规定：公众中的任何成员只要交付一定的合理费用，就有权获得慈善组织的年度账目和财务报告。[1]美国法律也规定慈善机构每年都必须向国家税务局上报年度财务报表。而我国目前在信息公开等方面还不足，在社会信任度上还比较低，需要通过立法强化监管和信息公开。

### （三）注重规划制定

目前我国公共文化服务社会化还缺少规划的指导，在工作开展上具有随意性。因此，进一步推动社会化，首先应制定较为健全的规划管理体系。一是将推动公共文化设施社会化纳入现代公共文化服务体系建设规划和总体布局，明确政府责任，切实加强各级政府对社会化工作的重视；二是建议以五年为一个周期，国家层面应制定全国性的社会化发展规划，明晰社会化发展目标与任务以及工作思路和具体路径，设计出引擎性项目（工程）以及发展保障机制；三是各省、市、县（区）在国家规划的指导下制定各地的发展规划，争取每年要召开一次社会化发展专题会议，研究制订年度社会化发展的计划与方案，并加大督查和考评力度，确保工作有序展开。

## 四、培育社会主体

### （一）放宽注册登记条件

由于公共文化服务设施意识形态建设，因此，政府常常对大力发展文化类社会组织持有怀疑态度，担心其发展力量过大而成为公共政策和政府

[1] 郑伟．重建慈善［J］．首席财务官，2013（5）．

的掣肘力量和影响社会稳定的因素，因此，长期以来我国登记管理机关将管理重心放在“入口”上，“重登记、轻管理”，“重行政管理、轻依法管理”，并对非政府组织实行登记管理机关和业务主管部门的双重管理，这严重制约了文化类社会组织的发展。根据国际经验，重点应该更多是过程管理，推进“宽进严管”，确保非政府组织规范化运作，实现健康可持续的发展。

例如，新加坡对非政府组织的登记门槛规定比较低，除了可能被用作非法用途，或被用来进行危害新加坡公众安宁与福利或良好社会秩序的，违反国家利益的非政府组织不可注册外，其他社团注册登记没有资金和人数限制，即使基金会其注册资金亦不受限。登记门槛低，可以将大量的非政府组织纳入政府监督，保证非政府组织不会因难以获得法人身份而成为非法组织，但与此同时，政府也有较为严格的活动规范，凡注册登记的非政府组织必须在章程规定的范围内活动，不能以组织名义从事任何政治活动，如果违反，政府必予追究惩处。

### （二）积极加强引导服务

在放宽成立准入门槛的同时，要加强对文化类社会组织的引导与服务。一是要将评估工作常态化。文化行政部门要从基础基础条件、组织建设、服务活动、工作绩效、价值导向、社会影响和评价等方面进行评估，通过评估促进管理，引导其建立健全的工作制度；二是积极搭建社会力量参与平台，使各类社会主体能够更为方便地参与到公共文化产品的生产和创造中。例如，上海重点做实社会组织项目对接，搭建社区文化活动中心与文化类社会组织的交流平台，举行文化类社会组织与街镇文体中心项目对接会等，起到了很好的效果；三是加大政府服务购买向社会力量的倾斜力度，把一些可以交由社会组织承担的公共文化服务的相关职能尽量交给社会组织，并出台相关的扶持和培育政策，推动其发展和壮大；四是积极探索 PPP（政府与社会资本）等新型合作模式，加速社会化发展。

### （三）加快孵化社会主体

充分借助高新区科技孵化器在推动创新创业型企业的作用，推动建立针对文化类社会组织的孵化器，加速孵化社会组织。例如，上海浦东新区文化艺术指导中心为了加快对社会主体的培育，成立了“浦东新区公共文化服务社会组织孵化基地”，完善了基地的管理制度，出台了基地的孵化指导意见（包括孵化入驻机构资格、孵化流程、孵化内容等），目前入孵企业已经达到 10 家。孵化基地主要提供如下服务：一是邀请文化领域知名专家对入孵企业进行政策、法律、运营技术方面的培训；二是对从事群众文艺的机构进行培训，包括活动策划、开展、管理等；支持参与一些高新区举办的文体活动；三是为孵化企业搭建路演平台，为企业和委托方做供需对接。目前来看，通过孵化，社会主体参与公共服务的能力得到较大提升，一些企业已经开始独立开展运营服务。

### （四）营造良好舆论环境

公共文化设施社会化运营是新兴的事务，普通公众很多不太了解、也不知道如何参与和支持。因此，政府需要加大宣传力度，为社会主体的成长营造良好的环境。一是要加快树立示范样板。榜样的力量是无穷的，要通过树立过程中的典型案例，推动社会化的发展。例如上海就推出了上海华爱社区服务管理中心、浦东上上文化服务中心、重庆南岸区推出了少数花园等典型案例，起到了很好的示范带动效果；二是政府要积极通过媒体进行宣传，特别是要加大利用新媒体进行宣传，不断大众的知晓度和关注度。

## 第二节　政府推进社会化运营的注意要点

### 一、始终坚持公益性

在社会力量引入过程中，坚持公益性是首要原则。很多时候，社会化运营会存在一些与公益性相悖的情况。例如，有些主体为了追逐市场效益，通过各种渠道开展营利性服务，或者把政府的购买变成了商业营利的资本，使得公共文化服务受到了商业利益的严重侵袭；还有一些行政人员借助政府购买，与社会力量形成利益共同体，达到权力寻租的目的。

如何坚持社会化中的公益性？一是政府要加大公共服务的投入，社会化不是甩包袱、减预算，而是通过引入竞争机制，促进供给效率提升，要从财政上保障社会机构的基本运营费用。二是要规范政府行为，增强行政决策的透明度，杜绝权力寻租行为。三是做好委托运营协议和过程监管。在协议中明确规定运营方的权利和义务、服务范围、考核标准等；同时要通过政府监督、社会监督、行业自律等方式，加强对设施运营的管理。四要通过财税优惠政策和捐赠立法等，鼓励社会各界积极对公共文化服务设施运营活动进行捐赠，拓展公益性资金的来源渠道。从国际经验来看，社会捐赠是公共文化设施运营的主要来源之一，例如美国公立博物馆，其社会捐赠资金基本占到三分之一以上，这样极大地缓解了运营机构的资金压力。五是鼓励发展文化志愿者，通过志愿者的服务，降低社会机构的运营成本，同时也能增加文化设施的影响力和活动的社会参与度。

但强调公益性，并不意味着公共图书馆、文化馆、博物馆等设施完全不能收费。一些为了满足人民群众多层次、多样化的服务需求而提供的文化服务，应该支持运营机构进行合理的收费，但是要与市场价格有所区分，降低收费标准。同时，通过收费，一方面可以增加公共服务机构人员的待遇，让他们的劳动得到尊重与回报；另一方面也可以设立了一定的门槛，减少“公地悲剧”现象的发生。

## 二、整合资源予以支持

相对社会运营主体，政府在资源整合中的优势突出。从目前社会化运营来看，社会主体离不开政府资源整合方面的支持。

一是在活动资源方面的支持。目前在文化馆、图书馆、博物馆等公共文化设施社会化运营的考核和激励中，主要是入馆人数和满意度。但由于一些场馆例如文化馆一直以来人数就较少，同时运营机构在社会号召力、影响力、权威性上，在资源的整合上，离政府还有很大的差距。因此，虽然文化设施是政府运营，但是政府也需要通过整合资源加以支持。例如，浙江嘉善县委宣传部和县文化局将主办的全国“微散文”大赛颁奖典礼、县电视歌手大赛等，放到嘉善县魏塘街道文化中心，这样丰富了中心的服务内容，为中心吸引了更多居民的参与，提升了文化设施的人气，为社会化运营机构提供了极大的助力。

二是整合各类公共文化设施。首先，应积极开展公共文化资源调查，全面了解区域内各级各类公共文化设施的主管单位、具体数量、分布状况、使用情况和群众知晓率等一手信息，在此基础上建立公共文化资源数据库。[1]其次，要推动文化部门与文联、作协、教委、工青妇等系统文化设施资源的协同合作，支持进行社会化运营探索，不断扩大社会化运营的市场规模，为社会力量提供更广阔空间。

## 三、合理有序地推进

在推进社会化过程中，北京大学李国新教授认为：国际上经验和教训都表明，社会化管理和运营只适用于基层的、小型的、对专业化要求不是太高的公共文化设施，而并非普遍适用。事实上，从中国目前运营的现状来看，也主要是从简单的做起、从基层的做起。社会化运营，物业最简单，容易标准化，难点是内容和活动。所以社会化是有阶段性和条件性的，政府不能搞“一刀切”，需要根据各地实际情况，分阶段、分层次、分类别地推进。

[1] 段玉青．少数民族地区基层公共文化服务体系建设的研究与思考：以新疆为例［J］．乌鲁木齐职业大学学报，2015（12）．

# 第五章　社会力量参与社会化运营的策略研究

## 第一节　文化类企业参与运营中的主要策略

### 一、明确企业发展战略

企业发展战略是设立远景目标并对实现目标的路径进行的总体性、指导性谋划。每个企业通常有自己的发展战略，清晰的战略会指引企业发展的更顺利。对于营利性的企业而言，参与运营公共文化服务设施，首先需要明确业务在企业发展战略中的位置，目前来看，主要有两种模式：

一是将运营公共文化服务设施作为主营业务。由于公共文化服务设施的公益性质，其不允许开展与公共服务无关的商业服务，因此收入渠道较为有限，主要来源于政府服务购买。与此同时，作为营利性质的企业，其难以享受到各种税费减免和各类补贴，企业运营成本较高，营利空间不大。所以目前纯粹将公共文化服务设施作为主营业务的企业很少，很难实现收支平衡。

二是将运营公共文化服务设施纳入企业发展战略，通过其他业务单元或者产业环节的收入弥补公共服务运营的成本，而设施运营主要是履行社会责任或者将设施作为其产品和服务的展示、体验与传播平台，利用参与公共服务的方式提供其社会影响力和公信力。

在第二种模式中，较为典型的案例是艾迪讯电子科技（无锡）有限公司。该公司是台湾艾迪讯科技股份有限公司在大陆的子公司。台湾艾迪讯科技股份有限公司作为 RFID 图书管理系统及图书馆设备的专业研发生产商，其核心业务是提供智能图书馆运营全方位解决方案。为了有效切入大陆图书馆业务并展示其服务能力，其组建了艾迪讯电子科技（无锡）有限公司，并以无锡新区图书馆为试点，先后承接了四川成都服务区图书馆、上海金山区图书馆以及苏州吴江区图书馆的社会化运营，取得了良好的示范效果。但如果我们从运营收益来分析，仅就运营本身是难有利润的。以无锡新区图书馆为例，政府运营服务购买资金是每年 200 多万，虽然图书采购和物业费用由政府负责，但是单就解决 30 多位运营服务人员的薪酬和社保，每年就所剩无几，公司是难以从运营层面进行营利的。那么公司参与的积极性何在？站在公司战略高度来看，其中有非常重要的三点理由：一是品牌宣传，无锡新区图书馆是公司提出的“智能图书馆运营全方位解决方案”的重要展示和体验平台，通过这个窗口可以有效地宣传自己的产品；二是系统销售，无锡新区图书馆将空间规划、技术支持、运行管理全部外包给艾迪讯，这样公司通过规划策划、销售设备等方式，获得一定的汇报，弥补运营环节的成本；三是连锁经营，虽然运营单个文化设施的成本较高，但是做出品牌与标准后，通过连锁方式实现规模化经营，可以一定程度上减低运营成本，实现收支平衡或者微利。目前，艾迪讯电子科技（无锡）有限公司正是基于这三点实现了持续运营。

## 二、把握政府与市民需求

社会企业参与运营公共文化设施，本质上是一种委托代理行为，即企业接受政府的委托向市民提供服务，因此，就涉及企业与政府、市民二者的互动合作关系，其中核心是要把握好政府与市民的需求，并与企业战略找到最佳契合点。

第一，充分理解和把握政府需求。从当前政府需求看，一是拓展公共服务供给渠道，让城市居民能够获得更便捷、更优质的服务。这是政府的基本职责，也是对委托企业的主要要求。二是坚守住意识形态阵地。思想宣传一直我国政治工作的重要任务，而公共文化设施是宣传的重要载体，从中华人民共和国成立至今，这条主线一直没有变动。因此，在推动社会化运营中，坚持和提升阵地意识亦极为重要。

第二，充分了解市民的公共文化服务需求。社会力量要实现富有效率的公共文化服务供给必须了解市民的文化需求。如何更准确了解群众文化需求？根据运营机构的实践来看，首先，服务提供之前要通过问卷、访谈等形式进行调研，具体调研包括：居民的生活水平如何，居民每年的文化消费水平是多少，居民的公共文化消费行为是怎样的，居民有何文化需求没有得到满足。通过调研和分析，我们就可以得到一组城市居民文化需求的数据指南，为设计合理的文化服务产品提供支撑。其次，在公共文化服务过程中，要充分利用微信、微博等新通信工具，及时与居民进行互动，收集消费者的反馈。最后，要不断强化文化服务和产品的创新能力，积极引导市民的基本文化消费，创造市民新的消费需求。

## 三、提升专业竞争力

公共文化服务社会化一个非常重要的目标就是推进专业化。社会化是有专业化要求的社会化，不能脱离了专业化一味强调社会化。社会化决定了公共文化服务的活力，专业化则决定了公共文化服务的发展水平。从上海等地的政府实践要求来看，将专业化进行了重点的强调。就社会文化活动中心等公共文化设施而言，其专业化标准包括以下范畴：一是专业化的管理机构。即从事公共文化设施运营的主体应具备相应的管理技能和管理经验，并需要通过考核认证获得相应的管理资格。二是专业化的人才队伍。运营管理人员应具有相关知识和技能，具备管理职业道德，能胜任公共文化设施的相关管理工作，并接受专业的培训，获得从业的资格证书，目前浙江等已经推行了从业者资格证书的考试。三是规范化的服务标准。为市民提供的各项服务有一定的标准，包括专业化的管理服务标准，专业化的管理主体资质标准，专业化的服务工作流程等，使各项工作都能有据可依。四是标准化的操作流程。推进各项工作标准化流程，如何馆场的使用办法、群众文化活动举办的办法。

在公共文化设施运营的专业化上，北京保利剧院管理有限公司是一个典型代表，已经形成了专业的运营品牌、人才队伍、标准流程等，在运营大剧院领域具有很高的专业水准。北京保利剧院管理有限公司（以下简称“保利公司”）是国内唯一形成产业链布局的剧院院线管理公司。截至

2015年年末，经营的剧院已达到53家，根据道略演艺产业研究中心发布的《2015中国演出场馆发展报告》数据，当年全国的专业性剧场年均演出场次为55场，按去年保利院线有剧院计算，每个剧院年均演出125场，远高于全国平均水平。[1]其专业性，主要体现以下三个方面。

一是创新的经营管理模式。在经营模式上，2005年，保利接管东莞玉兰大剧院，创立了“政府财政补贴、目标管理，保利自主经营、自负盈亏”的经营模式，这也是保利当前不断复制和拓展的模式；在管理模式上，保利公司采取垂直集权化的管理，由运营演出管理平台负责统筹安排，同时通过公司编制的《剧院管理规范》和《行业标准》，确保了各个剧院的标准化运行。

二是科学的组织架构。保利公司设置了三个核心部门，演出运营中心、管理中心和财务中心。演出运营中心主要负责节目的档期安装、策划、和节目的采购；管理中心主要负责院线剧院成员的管理与运作，推广、资源整合等；财务中心则是为整个运营链条提供资金的支持，以及后期与每个成员的财务结算、报表统计等。[2]三者之间是独立运营、互相依托的关系。这样确保了内部的高度专业化。

三是打造“渠道+内容+营销”的全产业链。经过多年努力，保利公司已经成为国内最大的演出渠道和重要演艺节目交流平台。为了拓展产业链，从2012年开始，保利公司又发力内容建设和票务服务，创编了系列音乐剧、话剧、儿童剧，创立自己的票务公司，产业价值链正从逐步由单一的靠剧院管理、票房收入盈利向票务代理、演出组织、版权交易、线上

---

[1] 陶庆梅．中国大剧院建设的模式、问题与出路［J］．文化纵横，2016（10）．

[2] 闫欢．保利剧院院线管理模式初探［D］．北京：中国戏曲学院，2011．

剧院等多点盈利发展。目前保利公司正向一个专业化、全产业链化的企业迈进。

## 四、创新参与模式（PPP）

从当前企业参与公共文化服务设施运营来看，企业总体参与程度有限，由于民营企业主要以经济利益为其追求的首要原则，所以，在利益驱动不明显的公共文化服务建设领域，其动力就明显不足。这种很大的一个制约因素是参与模式的问题。从当前看，企业参与公共文化建设的方式主要有以下四种类型：一是直接参与，即企业提供公共文化产品和服务，以此直接参与社区公共文化建设的过程；二是竞标政府服务购买，即企业与公共部门签订合同，承接政府委托的相关项目，以此参与社区公共文化建设过程；三积极影响政府的文化政策。即企业通过政协提交提案、智库递交内参、政企直接对话等形式，参与和影响文化政策的制定。四是社会力量与政府合作（PPP），即企业以通过获得特许经营权等形式参与文化基础设施的建设与运营，与政府部门建立一种长期的合作关系。

当前在政府的大力推动下，PPP（Public—Private—Partnership）模式正成为社会力量参与公共服务设施的重要路径，也是当前文化企业最需关注、最需探索与实践的一种模式。一般而言，PPP 模式是将部分政府职能和责任以特许经营权的方式转移到市场主体（私人企业、国有企业或其他社会资本机构），政府与市场主体建立起“利益共享、风险共担、全程合作”的利益共同体关系，政府因此得以减轻财政负担，市场主体的投资风险得以合理约定，具有“能带来更合理的风险管理、节省生命周期成本、方便合同管理、提供公共服务效率等优势”[1]。PPP 模式的主要有五种类型（如表 5-1）。

**表 5-1　PPP 模式的五种主要类型**

| 类型 | 基本含义 |
| --- | --- |
| TOT | 移交—运营—移交：政府部门与社会资本签订协议，通过有偿或其他形式将公共设施运营权转交给社会力量，当协议到期后，政府再无偿收回设施运营权 |
| BTO | 建设—移交—运营：社会主体与政府签订合作协议，由社会主体筹资建设，设施完工后将所有权交予政府，政府再授予社会主体长期运营权；或者项目建成后，政府根据协议回购，然后再将公共设施的运营权授予社会力量 |
| BOT/BOOT | 建设—运营（运营 + 拥有）—移交：社会主体与政府签订合作协议，由社会主体筹集建设公共设施，建设完成后，政府授予社会主体一定时期的所有权或经营权，社会主体通过对所有权的经营、设施的经营等方式收回投资成本，合同期满后再移交给政府 |
| ROT | 扩建 / 改建—运营—移交：社会主体与政府签订合作协议，由社会主体筹集对既有公共设施进行扩建、改建等，并根据特许权对设施进行运营，期满后将设施移交给政府 |
| BOO | 建设—拥有—运营：社会主体与政府签订合作协议，由政府授予社会主体进行建设，社会主体将一直拥有该设施的所有权与运营权 |

PPP 模式的典型职责结构安排为（见图 5-1）：政府部门或地方政府通过特许经营权招标等形式，与中标单位组成特殊目的公司（SPV，一般是由政府法人代表、中标运营企业、战略投资者等组成，通常为股份制公司），然后由特殊目的公司负责筹资、建设及经营，并通过运营中的“使用者付费”、政府补贴或者周边地产开发（如香港地铁公司开发地铁上盖物业）等形式，获得合理的投资回报。政府在 PPP 实施的过程中，主要负责协议条款制定、设施和服务质量监督、服务价格监管等，以保障在运营

[1] 林竹．基于汕头城市运营实践的规划整合模式研究［D］．广州：华南理工大学，2014.

商合理收益的基础上社会公共效益的最大化。

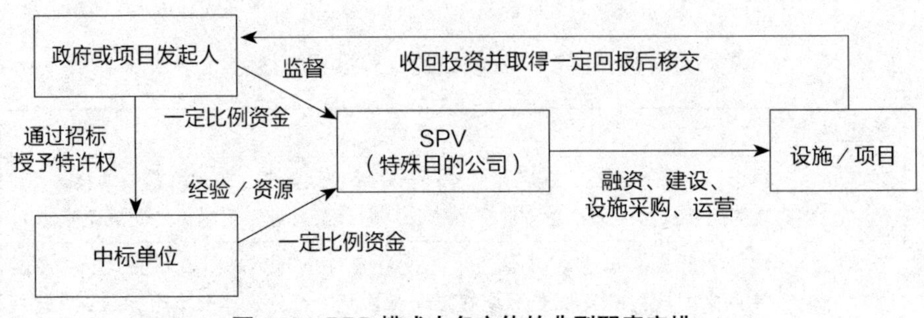


图 5-1 PPP 模式中各主体的典型职责安排

各国实践证明，通过采用 PPP 模式，将公共设施的设计、建设和运营维护等一揽子业务以协议的形式委托给私营部门，给予其一定的权力，但同时也将成本超值、工程延误、运营收支不抵等风险转移给了私营部门，政府则更多地从业务和风险中解脱出来，负责监管和服务，这种合作方式有利激发双方的积极性，提高公共设施建设与运营的效率。但是由于公共设施与服务的门类众多，各领域特点千差万别，因此，需要因地制宜，具体问题具体问题。特别是公共文化领域。例如我们的基层综合公共文化服务中心、文化馆、图书馆、博物馆等设施，与高速公路、地铁等设施是不一样的，因为很大部分是纯公益文化设施，缺少“使用者付费”的法理基础，因此，其市场收入是难以预测的，这无疑就增加了社会主体的运营风险，降低了进入的积极性。据中国经济网文化产业频道统计，财政部公布第二批 PPP 模式示范项目名单其中涉及文化、体育和旅游的项目共计 16 个，占本批项目的 7.77%。整体而言，目前 PPP 模式在公共文化设施领域的应用，还在进一步的探索之中。

本著认为，为了让 PPP 模式有效运用到公共文化设施上，从政府角度出发，需要在制度设计、回报渠道等方面进行积极创新：一是要确定公共文化设施的公益性程度，是纯公益还是准公益。例如公共图书馆基本是免费进入，但是大剧院则是收费服务，因此二者产生经济效益的能力差异巨大，在模式设计时候就需要充分差异性；二是要合理设计社会主体的回报方式。例如不存在“使用者付费”条件的设施，政府可以通过“政府服务购买”的形式，支付项目建设与运营成本。例如广东省清远市在图书馆、城市馆与博物馆等拟招标的PPP项目标书中，明确指出“本项目为纯公益性基础设施项目，缺乏‘使用者付费’机制，因此回报机制采用政府付费方式。由政府在项目建成后，通过购买服务方式支付该项目的投资成本、运营维护费用及不少于8%的投资回报”[1]；三是要对是否实施PPP模式进行综合考评，不必要为了实施PPP而实施，如果综合成本更高、效率却较低，有没有必要强行推行PPP模式。从社会主体的角度出发，需要在以下几个方面进行重视：首先，要明晰企业的发展战略，参与公共文化设施的目的是盈利、现金流还是为了延长价值链条或履行企业社会价值；其次，要充分评估企业综合实力，包括专业运营能力、资金筹措能力和资源整合能力等，评估其是否能够信任建设与运营任务；最后，要详细测算项目动态的成本与收益，对项目各阶段所需的资金总额、可获得的现金流量、需要的融资量与财务成本等有全景的认识，这是保证后期可持续运营的基础研究。

[1] 邵坚宁。PPP模式如何应用到公共文化设施领域［N］. 中国文化报，2015-10-24.

## 第二节 文化类企业在社会化运营中的注意要点

### 一、坚持“双效统一”

这是对文化企业的基本要求。在社会主义市场经济条件下，文化产品既有通过市场交换获取经济利益和实现再生产的商品属性、产业属性、经济属性，也有教育人民、引导社会和涵育道德等特殊的意识形态属性。在文化建设中，文化供给主体必须尊重文化发展的特殊性，将社会效益放在首位，弘扬真善美，拒绝假恶丑，为广大人民群众提供积极健康向上的精神食粮。因此，文化企业必须在此前提下，顺应时代潮流，借助现代科技，创新文化产品的内容、表现形式、供给方式等，生产出更多“既叫好又叫座”的精神文化产品，促进社会效益与经济效益的有机统一。

### 二、加快模式创新

对于经营性企业而言，实现营利永远是最重要的目标，因为只有实现营利，才能发放员工的薪酬和福利，实现公司的可持续运营。因此，企业参与社会化运营，必须要积极创新运营模式，才能实现可持续运营。目前来看，模式创新可以从以下几个方面着手：第一，衍生型盈利模式。即是当运营设施的费用不能通过项目本身弥补的话，就积极通过其他的衍生渠道弥补。例如运营博物馆，可积极争取相关政府部门允许企业通过合作或者委托的形式，对部分知名文物进行衍生产品的开发，发展文博创意型产业。第二，参与政府服务购买竞标模式。这是目前最普遍的模式，由政府核算出设施运营的基本费用总额，企业通过竞标等形式，获得政府的补贴和购买服务费用，这个过程中，应积极争取各类优惠政策和补贴奖励。第三，将参与公共文化设施运营纳入企业发展战略，将其当作企业品牌塑造、履行社会责任的重要手段，或者作为企业展示产品、推广营销的重要平台和渠道。

宁波鄞州是中国博物馆之乡，其民办博物馆在运营过程中的模式创新就能给我们很大的启示。在民营企业的主导下，政府与艺术家的支持下，目前已经探索出了多种运营。一是“企业 + 博物馆”模式，民营企业自主投资创办的不以营利为目的的博物馆，并依托企业支持进行日常运营，政府按照博物馆每年服务人数进行补贴。例如华茂堂美术馆、明贝堂中医药博物馆和翔鹰白美甬式家具博物馆等。二是“景区 + 博物馆”模式，此处并非指由风景区出资建设博物馆，而是以民营企业为主要的出资方，依托景区优势将博物馆就地建设的办馆模式，博物馆不以营利为目的，但因博物馆的展示和体验能而受到景区欢迎和补贴，例如它山石雕博物馆等。三是“生产基地 + 博物馆”模式，企业是出资建造主体，但场馆建设地址的选择比较特殊，通常与支撑企业的生产基地关联，并需要营利性产业带动场馆运营。例如紫林坊艺术馆、朱金漆木雕艺术馆和宁波世界厨房文化博物馆等。四是“社区 + 博物馆”模式，场馆通常由企业或个人出资创办，但场地会举办各种社区文化活动，成为社区文化活动和展示的重要平台。运营资金主要来自企业或个人的资金支持以及政府、社区的各类补贴。正是由于民营企业的不断的探索，宁波鄞州的文博事业才得到了较快发展，在全国形成了较大影响力。

### 三、注重资源整合

推动公共文化服务设施社会化运营，其中以市场为导向，以企业为主体，充分整合各类资源是其重要目的之一。其实从各地公共文化设施的运营来看，图书馆、大剧院、博物馆等设施，由于有核心内容的支撑（图书、戏曲、藏品），在汇聚人气、持续运营方面具有较好优势，而文化馆则相对较难，因为没有核心的吸引物。因此，目前探索最多、大力推进的也正是文化馆以及基层综合性文化服务中心等。文化馆（站）等文化设施，其从根本上而言，就是一个群众文艺活动的平台，根本上是要充分整合各类资源，通过设计各类型的活动，调动群众的参与积极性，让市民享受到更多的服务。

## 第三节　文化类社会组织参与运营中的主要策略

随着人民群众生活水平的提高和对文化公共服务需求的更加多元化，单凭政府和市场的力量，难以应对千变万化的文化喜好和消费需求。同时“政府失灵”和“市场失灵”的存在，也客观要求社会组织在公共文化服务供给中扮演更重要的角色。法国社会学家弗雷德里克·马特尔曾在《论美国的文化》中，就认为美国公共文化的繁荣离不开活跃的公益性组织，这种组织是维持文化体系运转的重要力量。

## 一、突出各类社会组织优势

根据我国社会组织发展和管理情况，文化类社会组织主要包括三类：文化社会团体（主要是文化行业学会、协会、促进会等，本著主要讨论文化类协会）、文化基金会、民办非企业单位。虽然它们都属于社会组织，但是每种组织的优势和使命都有一定的区别（见表5-2）。因此，不同的社会组织，应充分发挥自身优势，参与或承担公共文化设施社会化运营，更好地推动运营效率提升。

**表5-2　民办非企业单位、文化类行业协会、文化类基金会三者的优劣势分析**

| 类型 | 典型功能 | 优势 | 劣势 |
| --- | --- | --- | --- |
| 民办非企业单位 | 具有非政府性、非营利性的自发社会服务组织机构，主要提供非营利性社会服务活动 | 1. 专业性较强，可提供专业化的社会服务<br>2. 成立起点较低，组织和机制比较灵活 | 1. 普遍而言，规模小、资金少，综合实力较弱<br>2. 目前公信力较低，社会认可度不高 |
| 文化类行业协会 | 介于政府、企业之间，提供行业仲裁、监督自律、配额分配、标准定制、协调游说等中介服务 | 1. 具有沟通和协调优势，是政府与企业的桥梁和纽带<br>2. 具有较强的行业资源整合能力 | 1. 需要有效处理行业内部利益的冲突和矛盾<br>2. 主要是追求行业内部的经济价值 |
| 文化类基金会 | 基于捐赠或者信托而建立的、以资金运作为核心的非营利性、非政府性社会服务机构，具有接受社会捐赠、提供资助等功能 | 1. 拥有较强的资金实力和募资能力<br>2. 具有灵活的资助方式和较好的资助效果<br>3. 企业或个人塑造“公益品牌”的重要渠道 | 1. 起点较高，全国性公募基金会的原始基金不低于800万元人民币<br>2. 管理较难，需要高层的运营人才，如基金经理 |

第一，对于民办非企业而言，重点是要充分利用好机制灵活、专业性强的特点，集中精力运营好某类公共文化设施，打造标杆示范，走“专而精”的道路，然后通过连锁或上下游拓展等形式扩大规模，例如上海华爱社区服务管理中心（以下简称“华爱中心”），即是通过提升专业化能力然后通过连锁形式不断拓展。

华爱中心于2002年12月以“民办非企业”的性质在浦东新区注册成立，是一家专门从事社区服务管理工作的社会组织，自成立以来，受政府委托，在上海先后管理运营了9个社区文化体育服务机构。华爱的服务宗旨是“以人为本”“服务社会、造福人群”，提供的服务内容包括托管、培训、特殊群体服务等。其发展战略是在企业使命和宗旨的指引下，不断强化专业能力，提升服务质量和扩大服务规模。其专业性主要体现在如下几个方面：一是科学合理设置服务项目。其项目开展前都经过深入的调研和可行性研究，以符合党和政府的中心工作要求和群众的文化需求。二是专业的财务管理。华爱在资金管理上执行的是非营利组织的财务审核制度，在项目运行上，按照先测算、再规划、再操作的运营管理规则，减少项目运作的盲目性，力求达到资金的平衡。三是拥有一套完善的项目管理评估体系，基本指标包括居民知晓度、服务满意度、活动参与度等，然后在评估的基础上不断改进、完善、提高服务质量。四是拥有完善的内部培训机制和一个专业化的服务团队。五是拥有广阔的社会资源平台。其依托上海基督教青年会的国际网络，与世界各地青年会交流，吸取他们成功经验，不断提升自己的专业化服务能力。[1]

---

[1] 王雪．基层公共文化设施社会化运行模式初探：以上海华爱社区服务管理中心的探索实践为例［M］// 蒯大申．上海文化发展报告（2014），北京：社会科学文献出版社，2014：280-284.

第二，对于文化类基金会而言，要充分发挥资金雄厚、信誉度高的优势，将公共文化设施作为基地和示范，不断提升基金的公信力和募资能力。当前我国文化类基金会还不能完全做到像美英等发达国家一样，不参与实体运营，而只做募资和资助。但从另一角度而言，承接公共服务设施载体的运营，也是为基金会提供了一个重要的展示与服务平台。例如宁波善园公益基金会。

宁波善园公益基金会（以下简称“基金会”）是浙江省首家民间发起的公募基金会，初始登记资金总额2000万元。在宁波鄞州区政府的支持下，基金会承接运营国内首家公益慈善综合体和宁波爱心城市公益地标——“善园”。“善园”总体规划面积1万平方米，是以公益慈善文化为主题，集展示、体验、交流、服务于一体，具有游览、休闲、创业、教化等功能的综合性文化场所，是“义乡鄞州”建设的重点项目，也是未来将打造的“慈善博物馆”。以此为平台，在“善园”筹建期间，就收到爱心企业、爱心人士的专项捐赠，包括现金、物资、书画艺术品以及配套设施等，价值为1000多万元，同时香港神采装饰设计工程有限公司、诺丁汉大学建筑环境学员、法国何斐德建筑事务所等众多爱心企业、人士纷纷投身公益规划和建设。[1]从目前运营来看，通过“善园”这一载体，有效扩大了基金会的公信力和影响力。但运营中也存在一些难题，最困难的是工作人员的薪酬问题。因为根据国家对基金会的规定，基金会从业员不能高于所在城市平均工资的2倍，基金会的行政支出不能高于10%（包括各种费用、补贴等），然而基金会需要的是高素质、懂金融的人才，因此对园

[1] 国内首家综合性公益慈善平台“善园”奠基［EB/OL］.（2015-06-17）［2017-01-02］. http://news.cntv.cn/2015/06/17/ARTI1434536487714318.shtml.

区的运营也造成了一定的阻碍。

第三，文化类行业协会主要职能通常是代表本行业全体企业的共同利益，作为政府与企业之间的桥梁，向政府传达企业的共同要求，同时协助政府制定和实施行业发展规划、产业政策、行政法规和有关法律，并制定并执行行规行约和各类标准，协调本行业企业之间的经营行为等。[1]从文化设施运营的实践来看，行业协会运营一个公共文化设施的案例很少，行业协会更多是将行业内组织在一起，推动行业发展。例如日本1990年成立的企业赞助艺术协会（KMK），该协会的主要使命和宗旨是提升企业对艺术的赞助，并促进企业界与文化艺术团体的合作，推动日本文化和艺术状况得到根本改善。从运行效果来看，该协会的成立，不仅激发了企业家资助艺术事业的热情，同时也扩大了文化艺术事业的资金规模，有力地促进了日本文化事业的快速发展。

## 二、完善组织的顶层设计

对于社会组织而言，在运营中不断完善顶层设计非常重要。

一是要明晰组织的宗旨使命。文化社会团体、文化基金会、民办非企业单位是使命驱动型的组织，是组织发展的动力源泉。因此，文化类社会组织首先要清晰自己的组织使命。例如美国最早的私人基金会“拉塞尔·塞奇基金会”的宗旨是“长远地改善社会条件”，并积极通过调研研究、教育、出版、倡导合作努力、建立必要的机构以及帮助已经存在的符

---

[1] 苏锡辉，高双．行业协会在质量监管中的作用［J］．科技创业月刊，2011（3）．

合此宗旨的行动和机构等手段来实现组织的宗旨。[1]在这样的组织使命指引下，塞奇基金会有力地推动20世纪社会科学的起步与发展。

二是要有（或找好）组织的带头人。很多成功的社会组织都有目光远大、事业成功、公益心强、富有组织和号召力的创始人，例如卡耐基基金会的创始人安德鲁·卡耐基，曾经是美国最大钢铁制造商、世界首富，在成立基金会前，卡耐基作为个人已有多项捐赠，最著名的是建立公共图书馆，20多年中共捐款建立了2000座图书馆。但是对于一些社会组织，没有这样超凡卓越的创始人，这就需要强化制度的设计、团队的力量或找到合适的委托人。

三是要设计好组织的发展战略，核心是经营模式（或商业模式），因为虽然是公益性的非营利组织，但是也必须拥有资金来保障持续的运营。例如文化类的民办非企业，在开展公益事业中会有各种支出，包括运营人员工资、活动费用、行政费用等，因此必须有相应的收入，有很好的营利模式，当前对于大剧院、体育馆等公共设施有成功的实践，但在文化馆、基层公共文化服务中心等设施的运营方面，还需要进一步探索，当前还主要依靠政府的补贴，但由于政府预算较少，单一的资金渠道并不利于组织成长。

四是要有良好的财务规划。在这一点上，上海华爱社区服务管理中心的经验值得借鉴。华爱建立了项目核算制，首先，会按照一定的标准（如项目性质、运营成本、预估收益等）对计划开展的项目进行分类，分为无偿提供、收支不抵、盈亏平衡、微利收入等四个类别；其次，对项目进行

[1] 资中筠．财富的责任与资本主义演变——美国百年公益发展的启示［M］．上海：上海三联书店，2015：78.

统筹安排，力争通过项目组合的结构化选择，有点重点地进行服务资源的组合，以达到资金平衡或接近平衡。

## 三、强化组织的专业能力

公共文化服务的社会化与专业化是构建现代公共文化服务体系相互支撑的两个层面，两者相辅相成，互为条件。社会化是专业化要求的社会化，不能脱离了专业化去一味强调社会化，社会化决定了公共文化服务的发展活力，专业化则决定了公共文化服务的发展水平。[1]因此，要减少“慈善或志愿的业余主义”。

从强化组织的专业化角度来说，重点要从以下几个方面着手：一是组织机构的专业化定位，这也是组织的核心竞争力之所在，特别是民办非企业类社会组织，由于规模小、资金实力弱，因此在建设初期，必须聚焦某个领域或某种类别的文化设施，力争成为专业运营者。二是要加快打造一支专业化的人才队伍，这是运营机构实现专业化的核心，从目前看，由于运营资金的微薄，一些机构难以吸引高层次的专业化运营人员，打造专业化的人才队伍，这种情况下，重点是要争取政策的支持，例如免费培训、免费孵化服务等。当前一些社会化的先行地区，如上海就已经开展了社会化机构的孵化服务，为社会组织的人才团队建设提供了良好条件。三是要建立规范化的服务标准。作为运营主体，要逐渐形成自己的一套专业化服务标准、服务流程、规章制度等，形成系列模块化、标准化的服务产品，

---

[1] 徐清泉. 上海公共文化服务发展报告（2016）[R]. 上海：上海社会科学出版社，2016：31.

让员工在进行各项工作中，能有标准和规章可依，同时也能让组织机构在未来的业务拓展和连锁经营中，能够保持较好的专业水准。

## 四、增强产品和品牌意识

产品是指任何一种能被提供给市场以满足需求或欲望的东西，包括有形物品、服务、体验、事件、人物、地点、财产、组织、信息和观念等。[1]公共文化服务设施运营商只有将各种运营的理念、设想和模式等变成公众可体验、可消费的具体的文化服务产品，才可能获得城市居民的认可。因此，运营商需要强化产品意识，以人为本，以消费市场为导向，将抽象的理念或设想转变成为具体可感的产品。比如，基层公共文化服务综合中心就需要将公共服务细化为具体的产品活动，例如，针对老年人，要形成系列的产品，包括老年人舞蹈课程、书法大赛等。针对年轻人，也应形成具体的系列的产品，例如，瑜伽课程、读书沙龙、聚会派对等。这样可以将产品逐渐标准化，成为连锁运用的标准模具，降低运营成本。

同时要加大品牌意识，积极打造设施运营机构或文化活动品牌，从而提升组织的社会影响力和公信力。这样，一是有利于运营机构未来的连锁拓展。根据实践经验，运营组织可以走“资源—产品—品牌—规模化（连锁拓展）”的递进发展之路。即是现利用运营商积累和整合的各类资源，创新打造为具体的服务产品，将其做到极致，以此为支撑逐渐打造组织的文化品牌，当品牌知名度、美誉度和偏爱度达到一定强度，将品牌价值延

---

[1] 菲利普·科特勒，凯文·莱恩·凯勒．营销管理［M］．14版．王永贵，等译．上海：上海人民出版社，2013：315.

伸到其他领域，加快组织的纵向和横向扩展，发展连锁和衍生模式，走向规模化发展的道路。二是有利于吸引社会捐赠，公共文化场馆的品牌形象是吸引捐赠的核心吸引力之一。目前我国在吸引文化捐赠方面还比较初级，主要依靠文化单位负责人的人脉关系（如与企业家、艺术家、收藏家）或地域乡源纽带（许多艺术家、收藏家、企业家等随着年龄的增长，往往希望为家乡做出贡献）来获得社会力量的支持。但随着捐赠范围的进一步扩大，如果运营机构没有一定的品牌影响力和社会公信力，将很难吸引各类捐赠。

## 五、积极吸引文化志愿者

公共文化服务设施社会化，其关键是要减少成本。吸引和发展文化志愿者，让志愿者帮助开展各类文化活动和服务，可以有效地降低运营成本。例如在美国博物馆的运营中，就充分体现了志愿者的作用与价值。数据显示，早在 1975 年，美国博物馆中个人工作的 57% 已经由 6.22 万名志愿者来承担；到了 1991 年，美国共有博物馆志愿者近 38 万名，是当时全美博物馆正式员工数量的 2.5 倍，他们为美国各类博物提供了 205 亿小时服务，创造的经济价值约合 1760 亿美元。[1] 根据一些国家的统计，志愿服务创造的经济价值能够达到国民生产总值的 8%~14%。[2] 当前我国志愿者主要是由政府部门招募，因此社会组织还有加大与相关政府部门的合作，共同发展和壮大文化类志愿者队伍。

---

[1] 宋才发. 民族博物馆讲解员志愿者的社会功能探讨［J］. 黑龙江民族丛刊，2013（4）.

[2] 凌冲. 青年志愿服务与就业方式的变革［J］. 北京青年政治学院学报，2005（3）.

## 第四节　文化类社会组织在社会化运营中的注意要点

### 一、坚持组织的公益性

公益性是文化类社会组织的生命，其成立和发展的根本目的都是基于公益。但是在当前，由于制度不成熟、管理不规范、税法支撑不够等原因，有的社会组织逐利心严重，将公益性作为幌子，背后大行营利之举；有的明曰运营公共设施，实际上将其作为开展收费业务的平台，严重损害了设施的公益性和社会形象。还有的沦为一些事业单位养人的机构，碌碌无为，得过且过。因此，对于社会组织而言，首先要明确组织的宗旨与使命，端正公共服务的态度，真正做到为社会提供公益性服务，为增加全社会文化福祉而努力。

### 二、坚持政治的正确性

社会组织在我国兴起不久，政府在管理监督和政治引导等方面还不成熟，这在一定程度上增加了社会组织发展的风险性和不确定性。如何避免这种风险性和不确定，实现可持续的发展，其关键是要坚持政治的正确。具体而言，在思想指导上，社会组织最重要的是要坚持党的领导，大力弘扬社会主义核心价值观。核心价值观是社会主义先进文化的精髓，形成全民族奋发向上的精神力量和团结和睦的精神纽带。社会组织在运营中，必须以核心价值观为引领，将社会效益放在首位，弘扬真善美，拒绝假恶丑，通过提供更多的弘扬主旋律的文化服务和活动，巩固健康的文化阵地，壮大主流思想舆论。

## 三、坚持发展的开放性

社会组织作为第三方力量，上连接着政府、下连接着人民群众，起到沟通政府与公众联系的桥梁和纽带作用，不仅在政府和社会公众之间建立起一道缓冲带，缓和直接矛盾和冲突，而且有利于提升社会公众参与政府治理程度和社会自主管理程度。[1]对于政府来说，由于它们能更好地理解和把握政府相关政策的意图，能减轻政策实施过程中的阻力；对于人民群众而言，因为它们与市民间的某种天然联系，更容易获得群众的信任和支持。因此，社会组织应发挥自己的独特优势，在发展过程中强化开放与合作的意识，积极同各种机构、主体、资源等加强合作，通过凝聚各方的力量，不断提升公共服务供给的质量和效率，保持社会组织持续发展的活力。

---

[1] 张西勇，李琴．新公共管理模式对公民参与的促进作用［J］．天水行政学院学报．2009（10）．

# 第六章　城市公民参与社会化运营的策略研究

按照新公共服务的主张，在公共服务供给中，重要的是为公民服务，而不是为顾客服务，政府应鼓励越来越多人履行自己的公民义务并希望政府能够特别关注公民的声音。政府在回应公民的要求时，不应该是简单地说行或不行，而是应该与公民一道，共同寻找解决问题的途径。因此，只有城市居民的参与，城市公共文化服务设施的文化价值才能充分体现。

# 第一节　民众参与社会化运营主要策略

## 一、增强文化权利意识

文化权利是人人享有的基本权利之一。我国宪法在第二十二条就明文规定，国家支持文化事业和群众性文化活动的开展。保障公民的基本公共文化权益是我国的基本国策。但正如曾任职联合国教科文组织人权、民主与和平部主任的雅努什·西摩尼迪斯（Janusz Symonides）教授所言："文化权利的内容和价值并没有受到应有的重视，常常被称为人权中的'不发达部分'。所谓'不发达'，是指相对于其他种类的人权，比如公民权、政治权利、经济和社会权利而言，文化权利在范围、法律内涵和可执行性上最不成熟。"[1] 由于我国长期以来是政府垄断型、"喂养型"的公共文化供给，同时由于经济水平不高，人们主要关注的是物质生活以及与物质相关的各项权利，对文化权利还缺少认识。因此，推动城市公民参与文化设施运营，首先要强化公民文化权利意识的觉醒，积极从被动的"受惠者"转向积极的"参与者"，充分发挥公民在公共文化建设中的主人翁精神，通过参与其中以便更好地满足自身的文化需求。

---

[1] 袁秀孙．论图书馆服务向弱势群体倾斜［J］．图书馆建设，2006（11）．

## 二、提升文化参与热情

积极融入公共文化服务活动与事务，主要有四种途径。

一是主动享受公共文化场馆提供的文化服务。对于公共文化设施运营商而言，在与政府签订代理协议的时候，一个主要的运营指标就是入场馆人数或服务人数，这是政府付费或奖励补贴的依据。例如上海魏塘文化活动中心在与众悦公司签订的合约中，就规定了年入馆群众的基数，完成了基数才能获得基本报酬。而考核报酬是依据人数超过或不足基数，按 2000 元 / 万人次同比例追加或扣除。可见，市民积极到文化设施享受文化服务，即是对文化设施运营商的支持。在许多社会化发展较好的城市，市民是公益性场所（例如图书馆、群艺馆、文化馆等）的常客，以各种形式享受和参与文化服务。市民的参与不仅极大地丰富了自身的文化生活，同时也有效地提升了公共文化设施的人气。

二是积极参与监督和评估公共文化设施运营。在《关于加快构建现代公共文化服务体系的意见》中，明确提出要“完善服务质量监测体系，研究制定公众满意度指标，建立群众评价和反馈机制”。[1] 城市居民是文化服务的消费者，也理应是文化服务的监督者和评价者。因此，市民应积极参与到由政府或相关部门组织的调查访谈、座谈会、咨询会、听证会等活动中，积极表达意见和建议。

三是积极参与公共文化设施的运营决策。随着公共设施理事会、居民议事会、联席会等居民参与制度不断推进与成熟，市民有了更多渠道参与

---

[1] 张子越．进一步扩大和发挥青少年宫的公共文化服务功能［J］．现代教育科学（中学教师），2015（10）．

公共事务的运营决策之。市民应积极争取成为或推选出代表，积极参与，表达群体的诉求与建议，推动公共服务能够更好地满足群众文化需求。

四是积极参与公共文化服务的志愿供给。志愿者队伍是公共文化建设中一支非常重要的队伍。对于广大市民而言，主要有两条途径。一是“出力”，即是付出时间和精力，帮助运营机构进行服务讲解、培训辅导、活动支撑等；二是“出钱”，即是通过捐赠捐献等方式，为运营机构提供资金支持，壮大运营机构的经济和服务实力，不断改善公共服务的供给品质。

## 三、提升参与运营能力

民主参与的乐章最终需要通过实践来谱写，而实践成果的优劣核心是依靠民众的参与能力。在当前我国的公共文化领域，由于广大市民对公共服务的内在规律、政策制定的程序、机构运营的价值诉求等还不太了解，参与能力与实际要求还有一定差距。因此，当前民众在提高参与意识的同时，还需加快提升参与运营的能力。具体而言，包括以下方面的能力。

一是以兴趣为引导，提升专业知识能力。“兴趣是最好的老师”，参与公共服务是一个循序渐进的过程，首先，需要以兴趣为引导，加入一些公共服务的志愿团队或者文化活动团体。许多公共文化场所内，都有各种文化兴趣班和团队，例如舞蹈、书法、读书、戏剧、棋牌等。通过参与这些团队，培养艺术爱好，关注公共文化设施运营的问题。其次，是逐步参与与自身利益密切相关的文化自治等事务，不断丰富公共文化服务知识，培养参与习惯。

二是以文化治理为导向，提升文化建议能力。当前各类公共文化服务设施为了实现多元化治理，都积极探索建立理事会制度，形成了决策、执行、监督相互分离又相互协调的权力运行机制，旨在发挥法人治理结构的实效，使文化馆高效地提供公共文化服务。在当前的理事会设计中，绝大多数的运营机构都设有市民代表，这是履行市民文化权益的重要方式。因此，公民要强化自身的文化建议和咨询能力，更好实现自身的文化权益。

## 四、强化自我组织与管理

强化市民在参与公共文化设施中的自我组织和管理，也非常重要。以香山书屋为例。香山书屋位于江苏江阴市区，由企业家自费建成了这个纯公益全免费的书屋，目的一是推动全民阅读，二是推广全民阅读的志愿者服务模式。香山书屋 2013 正式开放，由志愿者自主运行、自发管理，每年举办 1000 多场文化活动，在书屋注册的志愿者近万人。为了加强对志愿者的管理和激励，香山书屋创新建立了志愿服务的“时间银行”，记录志愿者的服务时间，并能依次获得相应激励。书屋创始人标示，“我们不希望这种志愿服务是单向的，而是希望将他们的爱心‘储存’起来，通过回馈的激励，促使志愿者持久的爱心服务，让‘时间银行’在志愿公益行动中良性运转。”据介绍，“时间银行”试运行半年来，已有近 8000 名志愿者在“时间银行”登记注册，其中教师身份的志愿者达到了 6000 名，服务时间最长的已达到 800 多小时。目前来看，通过“时间银行”，志愿者参与的积极性越来越高，实现了良好的社会效益。

## 第二节　民众参与社会化运营的注意要点

### 一、主动表达文化需求

由于我国目前的公共文化服务的资金主要依靠国家财政投入，因此文化服务的产品和内容也往往由行政主管部门决定。但与此同时，服务信息传播不够，消费者又缺少需求和意见反馈的渠道。这就常常造成了“供非所需、需无所供”的尴尬局面，严重影响文化服务效率和效能。文化部部长雒树刚在贯彻公共文化服务保障法专题新闻发布会上指出：“有了公共文化设施，既要建好，还要用好，不能开张的时候热热闹闹、运营的时候冷冷清清，我们现在也存在着一些公共文化服务设施沉睡的现象，所以我们要唤醒这些沉睡状态的公共文化设施，提高公共文化服务的效能，使它更好、更充分地发挥为人民群众文化服务的作用。”[1]因此，对于广大市民而言，维护文化权利、更好地满足自身文化消费，就需要积极表达自己的文化需求。向公共文化服务运营者提供文化需求信息，让运营者能够提供更具针对性的服务。

一是要积极参与各类调查评估。利用文化设施运营单位或第三方评估机构开展问卷调查、组织座谈等时机，主动反映对文化设施运营的建议，以及自身真实的文化需求。二是充分利用多元化的反馈渠道，特别是新媒体渠道。目前我国绝大多数的文化行政机构、公共文化设施运营机构都建

[1] 郑海鸥．文化获得感，这样来保障［M］．人民日报，2017-01-13.

立网站、微博、微信公众号、手机终端应用（App）等信息沟通方式和在线政务，市民应充分关注这些新的即时通信渠道，了解最新的公共文化服务信息，及时反映服务需求，为文化运营机构的服务和产品设计提供参考依据。

## 二、用好监督评估权力

公民参与公共文化服务监督和评估是行使文化权益的重要途径。因此，城市公民不应只是公共服务的被动接受者，而是要以效能为导向，对政府、企业与社会组织提供的公共服务进行监督，有效地维护自身权益。公民参与评估和监督应体现在以下五个方面：①参与制定公共文化设施的发展规划和目标；②参与文化设施设计遴选，参与设计的评审大会；③参与公共设施运营机构的选择与招标监督；④参与公共设施运营机构的重大事项决策和监督；⑤参与设计对运营机构进行评估的指标体系；⑥通过各种途径积极评估运营机构的服务质量和反馈存在的问题，监督其改进。简而言之，即是在公共文化设施运营中，市民要积极参与到设施的规划、设计、施工、运行管理、效果评估等各个环节并进行监督，以保障公共文化服务的质量与效率，使公共设施的运营忠于市民权益。

## 三、发挥精英示范作用

要重视公民个人参与类型中的意见领袖和精英示范作用。一是文化类专家学者的参与，这是公民个人以专业的角度参与公共文化设施运营的重要方式。由于专家学识比较渊博，对公共设施运营有深入的研究，在参与、监督和决策中，能够以专业的水平，提升公民参与的质量。通常而言，专家可以通过民主座谈、研究报告、建议内参、书著作等形式，为公共服务社会化贡献力量。二是要发挥城市文化名人，或者行业内意见领袖的纽带和桥梁作用，将广大市民的利益诉求与政府、公共文化设施运营机构的价值追求有机结合，达到多方共治、共赢的发展格局，同时提升文化设施的知名度和影响力。三是要充分发挥地方“文化能人”的作用。俗话说“高手在民间”，广大市民中间常常潜藏着许多具有文化绝技绝活的人，需要政府积极挖掘，特别是基层文化服务设施，一般服务内容和展示项目比较少，如果有这些能人的支持，可以极大丰富文化服务内容。以浦东新区金海文化艺术中心为例，其大力挖掘区域内的摄影、书法、绘画等爱好者资源，举办了系列深受当地居民喜爱的文化展览活动。

# 第七章　社会化运营的基础支撑体系建设研究

打造公共文化设施社会化运营的“E-GSC-S”系统模型，推动政府部门、社会力量、城市公民三者在社会化运营中的协同合作，构建多元共治、互惠共赢的生态圈，需要法规政策、组织机制、现代科技与媒体舆论等多方面的基础性支持，是一个系统、长期、持续的动态建设过程。

## 第一节　法规政策支持体系

### 一、完善法律法规

现代化治理体系和治理方式首先要求有法可依。2016 年 12 月全国人大会议通过的《中华人民共和国公共文化服务保障法》是我国文化领域首部基础性、全局性的法律，对我国公共文化服务保障具里程碑意义——人民群众基本文化权益实现了从行政“维护”上升到法律“保障”的跨越。其中第二十五条规定“国家鼓励和支持公民、法人和其他组织兴建、捐建或者与政府部门合作建设公共文化设施，鼓励公民、法人和其他组织依法参与公共文化设施的运营和管理”、第二十三条规定“各级人民政府应当建立有公众参与的公共文化设施使用效能考核评价制度，公共文化设施管理单位应当根据评价结果改进工作，提高服务质量。”[1]这给社会力量、城市公民等参与公共文化服务设施的运营提供了法律依据。但目前法律整体还以原则性为主，定了大框架，但还缺少细则，特别是在如何推进公共文化服务社会化和专业化发展，促进政府部门、社会力量、城市公民三者协同合作方面，还没有具体的指导法规和条例，有待进一步细化。

## 二、完善政策扶持

在中国特色的政治与经济体制下，政策对我国各项事业的发展发挥了巨大的引导和推动作用，特别是在文化领域。由于我国的文化事业是要从高度集中管制向更开放和多元拓展，政府主导、政策推动是其主要发展模式。因此，创新构建符合我国公共文化服务发展内在规律的政策体系，事关我国文化事业发展的兴衰成败。自从2002年推进文化体制改革以来，我国先后出台了大量的政策文件，这些文件有效促进了我国文化基础设施的建设、文化事业单位的改革、社会力量的参与发展。特别是《关于加快

[1] 朱宁宁.让基层文化设施建设告别散乱［N］.法制日报，2017-01-10.

构建现代公共文化服务体系的意见》，明确指出要“创新公共文化设施管理模式，有条件的地方可探索开展公共文化设施社会化运营试点，通过委托或招投标等方式吸引有实力的社会组织和企业参与公共文化设施的运营”。[1]从这些政策来看，更多是强调政府通过体制机制创新，引入社会力量参与设施运营。但是基于多中心治理理论，强调多方协作共赢、打造公共服务运营的利益共同体，目前在这些方面的政策还存在空白点。未来还有待创新探索，加快出台基于多中心治理理论、充分考虑到各方利益诉求，有利于利益共同体构建的专项政策。

## 三、完善规划指导

我国文化规划层级体系是按照国家文化管理体制而形成的垂直体系，即是在中央和国家层面定下总基调、总原则、总目标之后，各地市文化行政主管部门以此为依据，再结合自身情况制定相应的规划。《文化部“十三五”时期文化改革发展规划》中指出，新时期要“推动公共文化服务社会化发展。促进公共文化服务项目化管理、市场化运作、社会化参与，建立健全政府购买公共文化服务工作机制，培育文化类社会组织。运用政府与社会资本合作、公益创投等多种模式，支持企业、社会组织和个人提供公共文化设施、产品和服务，推动有条件的公共文化设施社会化运营”。从目前文化部和各地规划看，还主要是从政府的角度，出台支持性措施，推动公共文化服务社会化，但如何形成利益共同体，还是缺少规划指导。因此，未来制定相关规划时，应积极吸收更多社会组织和公民的建

[1] 关于加快构建现代公共文化服务体系的意见［N］. 人民日报，2015-01-15.

议，推动构建起多方合作的战略框架，从规划角度推进公共文化服务社会化发展。

## 第二节 组织机制支持体系

### 一、推进理事会制度

通过建构理事会的治理结构，可以较好地协调政府、社会、民众等多方的利益诉求，综合各方建议做出具有“最大公约数”的决策方案。建立理事会制度是发达国家和地区公益性文化机构的普遍做法，有成熟的运作经验。例如，世界著名的大英博物馆，早在1963年就通过立法形式（《大英博物馆法》）确立了大英博物馆理事会的法人地位，明确其拥有管理博物馆的权力。

在我国，《公共文化服务保障法》也规定：“国家推动公共图书馆、博物馆、文化馆等公共文化设施管理单位根据其功能定位建立健全法人治理结构，吸收有关方面代表、专业人士和公众参与管理。”[1]目前，我国不少运营机构探索建立理事会制度。例如，2015年在浦东新区宣传部（文广局）的主导下，组建了金海文化艺术中心理事会，包括了政府行政部门、运营机构、专家学者、民众代表等十一方面的人员，初步形成了以理事会决策指导、社会机构负责运营管理、各方代表参与监管、第三方评估监督的

[1] 李小健.公共文化服务保障立法：拉开新时期文化立法大幕——专访全国人大教科文卫委文化室主任朱兵[J].中国人大，2016（11）.

公共文化设施社会化专业化管理体制的全新模式，在运行中取得了较好成效。

但在推进理事会建设中，我们也必须注意一些挑战，例如理事会谁主导的问题，虽然按照章程是一人一票，权力平等，但是在实施过程中，由于政府是出资方和资产拥有方，通常比较强势，有些甚至是领导“一言堂”，理事会名不副实；例如，理事的专业能力问题，由于文化设施运营是一个相对专业的领域，一些理事可能并不十分清楚其运营的内在逻辑和机理，这就会降低其决策和建议的质量。因此，在推进理事会过程中，我们还有大量的问题需要逐步解决。

## 二、规范主体间契约

推动社会化核心是引入竞争机制，发挥市场在文化资源配置中的基础性作用。其发挥作用的前提即是要用契约方式规范不同主体之间的责任关系。一方面，要规范政府与社会组织、企业之间的责任关系，赋予社会组织、企业和政府部门平等的法律地位。在此基础上，政府与政府组织、企业订立契约，明确各方的职责范围。另一方面，社会组织、企业与服务对象，之间也需要建立明确的责权关系，市民可以通过参与议事会等形式，选择提供服务的社会组织或企业，并通过监督和评估方式强化社会组织和企业的责任感，提高公共文化服务的质。

## 三、成立公益性基金

公益性基金会的设立是为了要更有效地吸收社会募捐的资金。基金机构通过建立自身科学的管理制度、财务制度、基金增值方案及资助社会公益事业的计划，从而达成社会公益基金的积累与支出的最优化，最大限度地为社会谋取公益。[1]公共文化服务设施具有较强的公益性，企业运营难以实现收支平衡。目前资金来源主要依靠政府的补贴，但是由于存在政府资金有限以及权力寻租等问题，因此，可以通过成立支持社会化运营的专项基金形式，广泛吸纳社会资金的参与，汇聚更多的力量来支持公共文化设施的社会化运营。

## 第三节　现代科技支持体系

### 一、"公共文化 +"信息科技

云计算、物联网、智能服务、大数据等新型信息技术的应用，正深刻地改变着人民群众对基本公共文化服务的需求方式，以数字为载体的内容服务正成为热潮。这就要求政府顺应形势，为人民群众提供更快捷、丰富的数字文化资源服务，生产和供给符合时代精神、为公众喜闻乐见的优秀公共文化产品。

一是要利用充分大数据技术。将在文化馆、图书馆、文化综合服务中心、调研问卷等过程中收集到的数据进行有机整理，逐渐建立起关于地区文化需求的数据库，通过动态、科学地挖掘大数据；通过挖掘，建立群众文化消费的全景分析图，形成可视化的"决策驾驶舱"，真正做到及时反

---

[1] 束顺民. 论转轨时期我国事业单位的体制重塑［D］. 厦门：厦门大学，2001.

应，按需生产，有效供给。二是要充分利用移动互联网技术。公共文化服务和移动终端结合，是提供更便利服务的重要方式。截至2016年12月，我国手机网民数量接近7亿人，占总上网人数的95.1%。[1]手机已经超越了通信功能，成了我们新生活方式的必须。从外卖点餐、休闲娱乐、运动记录到交友聊天、工作学习，很多都在手机上完成。作为公共文化服务而言，技术发展到哪里，使用就应跟踪到哪里。在移动信息时代，公共服务必须突破物理载体的限制，要通过构建网络移动服务平台，与线下设施形成“020”的无缝对接服务，这样才能真正实现随身享用、泛在服务，让公共文化服务真正突破空间的限制，为更多的人带来文化福祉。

## 二、推进公共文化服务数字化

公共文化服务数字化是必然的发展趋势和国家的重要战略举措。从世界范围来看，许多国家较早就启动了数字化工作。例如美国国会图书馆在1990年就对馆内文献、手稿、照片、录音等典藏品进行了大规模的数字化；2001年，加拿大“遗产信息网络”与博物馆合作，建立了加拿大虚拟博物馆，卢浮宫和大英博物馆也实施了藏品数字化工程。我国起步稍晚，2011年出台的《关于进一步加强公共数字文化建设的指导意见》，提出要“建成内容丰富、技术先进、覆盖城乡、传播快捷的公共数字文化服务体系，为广大群众提供丰富便捷的数字文化服务”[2]，推进公共文化服务数字化，

---

[1] 中国互联网络信息中心（CNNIC）. 第39次《中国互联网络发展状况统计报告》[EB/OL].（2017-01-22）[2017-03-02]. http://www.199it.com/archives/560209.html.

[2] 文化部、财政部发布《关于进一步加强公共数字文化建设的指导意见》[EB/OL].（2011-12-21）[2017-2-2]. http://www.ce.cn/culture/whcyk/gundong/201112/21/t20111221_22939398.shtml.

当前不少城市已有成功的探索。例如上海的“东方信息苑”“文化上海云”、嘉兴的“文化有约”数字化互动平台、重庆市的公共文化物联网服务平台等，这些平台通过云计算、云存储、移动网络等技术，将线上和线下资源有机融合，突破了时间和地域的限制，有效地提升了公共文化设施的服务效能。

## 第四节　媒体舆论支持体系

### 一、加大媒体宣传

一是加大公共文化服务信息的传播。宣传方式单一、传播力度不够，是当前文化设施利用率和活动服务效能不高的重要原因。很多群众没能接收到文化服务的信息。因此，要改变过去依靠馆前公告栏、政府网站、QQ群等较为单一信息传播形式，要加大传播整合力度，有效组织起各类媒体，包括报纸、电视、广播、网站、宣传册、微博、微信等，建立起最广泛的公共文化服务信息传播渠道，让服务知晓度得到有效提高。同时可以通过定期召开群众代表座谈会的形式，通过与群众面对面的交流，推动供需有效对接。

二是正向宣传社会力量的地位和作用。“仓廪实而知礼节，衣食足而知荣辱”，随着收入和生活水平的提升，人们的文化需求更加多样化。这种背景下，社会力量可以有效整合民间资源、填补政府服务的空位、弥补财政经费不足。但目前公共文化服务设施社会化运营在我国还是新兴事务，仍需积极宣传，提高人们对社会力量在推动文化建设中作用的认识，争取各级政府领导的重视和支持。

三是加强典型宣传。“榜样的力量是无穷的”。要积极对那些行为规范、作用发挥明显、社会责任和社会公益意识较强、社会影响较大的社会主体，进行大力宣传，塑造社会化运营的典型和示范，以此为引擎，不断扩大社会力量的影响，让更多居民支持和关心社会力量的发展。

## 二、开展主题活动

通过开展社会化运营的主题活动，打造社会化运营的品牌活动。通过活动，不断提升社会化运营的知名度和影响力。

一是开展社会化运营的相关赛事。例如在文化馆领域，可以组织相关社会化优秀机构的评比，优秀专业人才的评比，让运营人员有更多的社会荣誉感。目前来看，由于机构资金有限，运营人员工资一般都较低，如果通过其他形式的奖励，例如评奖、社会荣誉等，可以有效地提高他们参与的积极性。

二是开展社会化运营的相关论坛。积极筹备并发起“社会化运营与发展论坛”，就社会化的合作机制、问题挑战、人才培育、主体建设、能力提升等方面进行探讨，为政府部门、社会组织、专家学者提供一个可供交流与对话的平台。论坛可按照“联合主办、轮流承办”的方式开展，这样既可以提高各个承办城市的责任感和积极性，同时也将为各个承办城市的文化机构提供宣传机会。目前由文化部指导、中国文化馆协会举办的“中国文化馆年会”，就具有积极的示范意义。

# 附录:《中华人民共和国公共文化服务保障法》

《中华人民共和国公共文化服务保障法》已由中华人民共和国第十二届全国人民代表大会常务委员会第二十五次会议于2016年12月25日通过。

## 第一章　总则

**第一条**　为了加强公共文化服务体系建设，丰富人民群众精神文化生活，传承中华优秀传统文化，弘扬社会主义核心价值观，增强文化自信，促进中国特色社会主义文化繁荣发展，提高全民族文明素质，制定本法。

**第二条**　本法所称公共文化服务，是指由政府主导、社会力量参与，以满足公民基本文化需求为主要目的而提供的公共文化设施、文化产品、文化活动以及其他相关服务。

**第三条**　公共文化服务应当坚持社会主义先进文化前进方向，坚持以人民为中心，坚持以社会主义核心价值观为引领；应当按照“百花齐放、百家争鸣”的方针，支持优秀公共文化产品的创作生产，丰富公共文化服务内容。

**第四条** 县级以上人民政府应当将公共文化服务纳入本级国民经济和社会发展规划，按照公益性、基本性、均等性、便利性的要求，加强公共文化设施建设，完善公共文化服务体系，提高公共文化服务效能。

**第五条** 国务院根据公民基本文化需求和经济社会发展水平，制定并调整国家基本公共文化服务指导标准。

省、自治区、直辖市人民政府根据国家基本公共文化服务指导标准，结合当地实际需求、财政能力和文化特色，制定并调整本行政区域的基本公共文化服务实施标准。

**第六条** 国务院建立公共文化服务综合协调机制，指导、协调、推动全国公共文化服务工作。国务院文化主管部门承担综合协调具体职责。

地方各级人民政府应当加强对公共文化服务的统筹协调，推动实现共建共享。

**第七条** 国务院文化主管部门、新闻出版广电主管部门依照本法和国务院规定的职责负责全国的公共文化服务工作；国务院其他有关部门在各自职责范围内负责相关公共文化服务工作。

县级以上地方人民政府文化、新闻出版广电主管部门根据其职责负责本行政区域内的公共文化服务工作；县级以上地方人民政府其他有关部门在各自职责范围内负责相关公共文化服务工作。

**第八条** 国家扶助革命老区、民族地区、边疆地区、贫困地区的公共文化服务，促进公共文化服务均衡协调发展。

**第九条** 各级人民政府应当根据未成年人、老年人、残疾人和流动人口等群体的特点与需求，提供相应的公共文化服务。

**第十条** 国家鼓励和支持公共文化服务与学校教育相结合，充分发挥公共文化服务的社会教育功能，提高青少年思想道德和科学文化素质。

**第十一条** 国家鼓励和支持发挥科技在公共文化服务中的作用，推动运用现代信息技术和传播技术，提高公众的科学素养和公共文化服务水平。

**第十二条** 国家鼓励和支持在公共文化服务领域开展国际合作与交流。

**第十三条** 国家鼓励和支持公民、法人和其他组织参与公共文化服务。

对在公共文化服务中做出突出贡献的公民、法人和其他组织，依法给予表彰和奖励。

## 第二章 公共文化设施建设与管理

**第十四条** 本法所称公共文化设施是指用于提供公共文化服务的建筑物、场地和设备，主要包括图书馆、博物馆、文化馆（站）、美术馆、科技馆、纪念馆、体育场馆、工人文化宫、青少年宫、妇女儿童活动中心、老年人活动中心、乡镇（街道）和村（社区）基层综合性文化服务中心、农家（职工）书屋、公共阅报栏（屏）、广播电视播出传输覆盖设施、公共数字文化服务点等。

县级以上地方人民政府应当将本行政区域内的公共文化设施目录及有关信息予以公布。

**第十五条** 县级以上地方人民政府应当将公共文化设施建设纳入本级

城乡规划，根据国家基本公共文化服务指导标准、省级基本公共文化服务实施标准，结合当地经济社会发展水平、人口状况、环境条件、文化特色，合理确定公共文化设施的种类、数量、规模以及布局，形成场馆服务、流动服务和数字服务相结合的公共文化设施网络。

公共文化设施的选址，应当征求公众意见，符合公共文化设施的功能和特点，有利于发挥其作用。

**第十六条** 公共文化设施的建设用地，应当符合土地利用总体规划和城乡规划，并依照法定程序审批。

任何单位和个人不得侵占公共文化设施建设用地或者擅自改变其用途。因特殊情况需要调整公共文化设施建设用地的，应当重新确定建设用地。调整后的公共文化设施建设用地不得少于原有面积。

新建、改建、扩建居民住宅区，应当按照有关规定、标准，规划和建设配套的公共文化设施。

**第十七条** 公共文化设施的设计和建设，应当符合实用、安全、科学、美观、环保、节约的要求和国家规定的标准，并配置无障碍设施设备。

**第十八条** 地方各级人民政府可以采取新建、改建、扩建、合建、租赁、利用现有公共设施等多种方式，加强乡镇（街道）、村（社区）基层综合性文化服务中心建设，推动基层有关公共设施的统一管理、综合利用，并保障其正常运行。

**第十九条** 任何单位和个人不得擅自拆除公共文化设施，不得擅自改变公共文化设施的功能、用途或者妨碍其正常运行，不得侵占、挪用公共文化设施，不得将公共文化设施用于与公共文化服务无关的商业经营活动。

因城乡建设确需拆除公共文化设施，或者改变其功能、用途的，应当依照有关法律、行政法规的规定重建、改建，并坚持先建设后拆除或者建设拆除同时进行的原则。重建、改建的公共文化设施的设施配置标准、建筑面积等不得降低。

**第二十条** 公共文化设施管理单位应当按照国家规定的标准，配置和更新必需的服务内容和设备，加强公共文化设施经常性维护管理工作，保障公共文化设施的正常使用和运转。

**第二十一条** 公共文化设施管理单位应当建立健全管理制度和服务规范，建立公共文化设施资产统计报告制度和公共文化服务开展情况的年报制度。

**第二十二条** 公共文化设施管理单位应当建立健全安全管理制度，开展公共文化设施及公众活动的安全评价，依法配备安全保护设备和人员，保障公共文化设施和公众活动安全。

**第二十三条** 各级人民政府应当建立有公众参与的公共文化设施使用效能考核评价制度，公共文化设施管理单位应当根据评价结果改进工作，提高服务质量。

**第二十四条** 国家推动公共图书馆、博物馆、文化馆等公共文化设施管理单位根据其功能定位建立健全法人治理结构，吸收有关方面代表、专业人士和公众参与管理。

**第二十五条** 国家鼓励和支持公民、法人和其他组织兴建、捐建或者与政府部门合作建设公共文化设施，鼓励公民、法人和其他组织依法参与公共文化设施的运营和管理。

**第二十六条** 公众在使用公共文化设施时，应当遵守公共秩序，爱护公共设施，不得损坏公共设施设备和物品。

## 第三章　公共文化服务提供

**第二十七条**　各级人民政府应当充分利用公共文化设施，促进优秀公共文化产品的提供和传播，支持开展全民阅读、全民普法、全民健身、全民科普和艺术普及、优秀传统文化传承活动。

**第二十八条**　设区的市级、县级地方人民政府应当根据国家基本公共文化服务指导标准和省、自治区、直辖市基本公共文化服务实施标准，结合当地实际，制定公布本行政区域公共文化服务目录并组织实施。

**第二十九条**　公益性文化单位应当完善服务项目、丰富服务内容，创造条件向公众提供免费或者优惠的文艺演出、陈列展览、电影放映、广播电视节目收听收看、阅读服务、艺术培训等，并为公众开展文化活动提供支持和帮助。

国家鼓励经营性文化单位提供免费或者优惠的公共文化产品和文化活动。

**第三十条**　基层综合性文化服务中心应当加强资源整合，建立完善公共文化服务网络，充分发挥统筹服务功能，为公众提供书报阅读、影视观赏、戏曲表演、普法教育、艺术普及、科学普及、广播播送、互联网上网和群众性文化体育活动等公共文化服务，并根据其功能特点，因地制宜提供其他公共服务。

**第三十一条**　公共文化设施应当根据其功能、特点，按照国家有关规定，向公众免费或者优惠开放。

公共文化设施开放收取费用的，应当每月定期向中小学生免费开放。

公共文化设施开放或者提供培训服务等收取费用的，应当报经县级以上人民政府有关部门批准；收取的费用，应当用于公共文化设施的维护、管理和事业发展，不得挪作他用。

公共文化设施管理单位应当公示服务项目和开放时间；临时停止开放的，应当及时公告。

**第三十二条** 国家鼓励和支持机关、学校、企业事业单位的文化体育设施向公众开放。

**第三十三条** 国家统筹规划公共数字文化建设，构建标准统一、互联互通的公共数字文化服务网络，建设公共文化信息资源库，实现基层网络服务共建共享。

国家支持开发数字文化产品，推动利用宽带互联网、移动互联网、广播电视网和卫星网络提供公共文化服务。

地方各级人民政府应当加强基层公共文化设施的数字化和网络建设，提高数字化和网络服务能力。

**第三十四条** 地方各级人民政府应当采取多种方式，因地制宜提供流动文化服务。

**第三十五条** 国家重点增加农村地区图书、报刊、戏曲、电影、广播电视节目、网络信息内容、节庆活动、体育健身活动等公共文化产品供给，促进城乡公共文化服务均等化。

面向农村提供的图书、报刊、电影等公共文化产品应当符合农村特点和需求，提高针对性和时效性。

**第三十六条** 地方各级人民政府应当根据当地实际情况，在人员流动量较大的公共场所、务工人员较为集中的区域以及留守妇女儿童较为集中的农村地区，配备必要的设施，采取多种形式，提供便利可及的公共文化服务。

**第三十七条** 国家鼓励公民主动参与公共文化服务，自主开展健康文明的群众性文化体育活动；地方各级人民政府应当给予必要的指导、支持和帮助。

居民委员会、村民委员会应当根据居民的需求开展群众性文化体育活动，并协助当地人民政府有关部门开展公共文化服务相关工作。

国家机关、社会组织、企业事业单位应当结合自身特点和需要，组织开展群众性文化体育活动，丰富职工文化生活。

**第三十八条** 地方各级人民政府应当加强面向在校学生的公共文化服务，支持学校开展适合在校学生特点的文化体育活动，促进德智体美教育。

**第三十九条** 地方各级人民政府应当支持军队基层文化建设，丰富军营文化体育活动，加强军民文化融合。

**第四十条** 国家加强民族语言文字文化产品的供给，加强优秀公共文化产品的民族语言文字译制及其在民族地区的传播，鼓励和扶助民族文化产品的创作生产，支持开展具有民族特色的群众性文化体育活动。

**第四十一条** 国务院和省、自治区、直辖市人民政府制定政府购买公共文化服务的指导性意见和目录。国务院有关部门和县级以上地方人民政府应当根据指导性意见和目录，结合实际情况，确定购买的具体项目和内容，及时向社会公布。

**第四十二条** 国家鼓励和支持公民、法人和其他组织通过兴办实体、资助项目、赞助活动、提供设施、捐赠产品等方式，参与提供公共文化服务。

**第四十三条** 国家倡导和鼓励公民、法人和其他组织参与文化志愿服务。

公共文化设施管理单位应当建立文化志愿服务机制，组织开展文化志愿服务活动。

县级以上地方人民政府有关部门应当对文化志愿活动给予必要的指导和支持，并建立管理评价、教育培训和激励保障机制。

**第四十四条** 任何组织和个人不得利用公共文化设施、文化产品、文化活动以及其他相关服务，从事危害国家安全、损害社会公共利益和其他违反法律法规的活动。

## 第四章 保障措施

**第四十五条** 国务院和地方各级人民政府应当根据公共文化服务的事权和支出责任，将公共文化服务经费纳入本级预算，安排公共文化服务所需资金。

**第四十六条** 国务院和省、自治区、直辖市人民政府应当增加投入，通过转移支付等方式，重点扶助革命老区、民族地区、边疆地区、贫困地区开展公共文化服务。

国家鼓励和支持经济发达地区对革命老区、民族地区、边疆地区、贫困地区的公共文化服务提供援助。

**第四十七条** 免费或者优惠开放的公共文化设施，按照国家规定享受补助。

**第四十八条** 国家鼓励社会资本依法投入公共文化服务，拓宽公共文化服务资金来源渠道。

**第四十九条** 国家采取政府购买服务等措施，支持公民、法人和其他组织参与提供公共文化服务。

**第五十条** 公民、法人和其他组织通过公益性社会团体或者县级以上人民政府及其部门，捐赠财产用于公共文化服务的，依法享受税收优惠。

国家鼓励通过捐赠等方式设立公共文化服务基金，专门用于公共文化服务。

**第五十一条** 地方各级人民政府应当按照公共文化设施的功能、任务和服务人口规模，合理设置公共文化服务岗位，配备相应专业人员。

**第五十二条** 国家鼓励和支持文化专业人员、高校毕业生和志愿者到基层从事公共文化服务工作。

**第五十三条** 国家鼓励和支持公民、法人和其他组织依法成立公共文化服务领域的社会组织，推动公共文化服务社会化、专业化发展。

**第五十四条** 国家支持公共文化服务理论研究，加强多层次专业人才教育和培训。

**第五十五条** 县级以上人民政府应当建立健全公共文化服务资金使用的监督和统计公告制度，加强绩效考评，确保资金用于公共文化服务。任何单位和个人不得侵占、挪用公共文化服务资金。

审计机关应当依法加强对公共文化服务资金的审计监督。

**第五十六条** 各级人民政府应当加强对公共文化服务工作的监督检查，建立反映公众文化需求的征询反馈制度和有公众参与的公共文化服务考核评价制度，并将考核评价结果作为确定补贴或者奖励的依据。

**第五十七条** 各级人民政府及有关部门应当及时公开公共文化服务信息，主动接受社会监督。

新闻媒体应当积极开展公共文化服务的宣传报道，并加强舆论监督。

# 第五章 法律责任

**第五十八条** 违反本法规定，地方各级人民政府和县级以上人民政府有关部门未履行公共文化服务保障职责的，由其上级机关或者监察机关责令限期改正；情节严重的，对直接负责的主管人员和其他直接责任人员依法给予处分。

**第五十九条** 违反本法规定，地方各级人民政府和县级以上人民政府有关部门，有下列行为之一的，由其上级机关或者监察机关责令限期改正；情节严重的，对直接负责的主管人员和其他直接责任人员依法给予处分：

（一）侵占、挪用公共文化服务资金的；

（二）擅自拆除、侵占、挪用公共文化设施，或者改变其功能、用途，或者妨碍其正常运行的；

（三）未依照本法规定重建公共文化设施的；

（四）滥用职权、玩忽职守、徇私舞弊的。

**第六十条** 违反本法规定，侵占公共文化设施的建设用地或者擅自改变其用途的，由县级以上地方人民政府土地主管部门、城乡规划主管部门依据各自职责责令限期改正；逾期不改正的，由做出决定的机关依法强制执行，或者依法申请人民法院强制执行。

**第六十一条** 违反本法规定，公共文化设施管理单位有下列情形之一的，由其主管部门责令限期改正；造成严重后果的，对直接负责的主管人员和其他直接责任人员，依法给予处分：

（一）未按照规定对公众开放的；

（二）未公示服务项目、开放时间等事项的；

（三）未建立安全管理制度的；

（四）因管理不善造成损失的。

**第六十二条** 违反本法规定，公共文化设施管理单位有下列行为之一的，由其主管部门或者价格主管部门责令限期改正，没收违法所得，违法所得五千元以上的，并处违法所得两倍以上五倍以下罚款；没有违法所得或者违法所得五千元以下的，可以处一万元以下的罚款；对直接负责的主管人员和其他直接责任人员，依法给予处分：

（一）开展与公共文化设施功能、用途不符的服务活动的；

（二）对应当免费开放的公共文化设施收费或者变相收费的；

（三）收取费用未用于公共文化设施的维护、管理和事业发展，挪作他用的。

**第六十三条** 违反本法规定，损害他人民事权益的，依法承担民事责任；构成违反治安管理行为的，由公安机关依法给予治安管理处罚；构成犯罪的，依法追究刑事责任。

## 第六章 附 则

**第六十四条** 境外自然人、法人和其他组织在中国境内从事公共文化服务的，应当符合相关法律、行政法规的规定。

**第六十五条** 本法自2017年3月1日起施行。

# 主要参考文献

[1] 崔运武 . 公共事业管理概论 [M]. 北京：高等教育出版社，2015.

[2] 戴珩 . 现代公共文化服务体系 200 问 [M]. 南京：南京师范大学出版社，2015.

[3] 戴维 · 思罗斯比 . 经济学与文化 [M]. 王志标，张峥嵘，译 . 北京：中国人民大学出版社，2011.

[4] 单霁翔 . 从“功能城市”走向“文化城市”[M]. 天津：天津大学出版社，2013.

[5] 范周 . 新型城镇化与文化发展研究报告 [M]. 北京：中国传媒大学出版社，2013.

[6] 范周 . 言之有范——指尖上的文化思考 [M]. 北京：知识产权出版社，2015.

[7] 菲利普 · 科特勒，凯文 · 莱恩 · 凯勒 . 营销管理 [M].14 版 . 王

永贵，等译 . 上海：上海人民出版社，2013.

[ 8 ] 冯佳 . 公共文化服务制度建设研究 [ M ] . 北京：国家图书馆出版社，2015.

[ 9 ] 冯庆东 . 美国公共文化服务体系建设与管理的主要特点及启示 [ J ] . 人文天下，2015（8）.

[ 10 ] 高书生 . 感悟文化改革发展 [ M ] . 北京：中信出版社，2014.

[ 11 ] 胡惠林 . 文化政策学 [ M ] . 北京：清华大学出版社，2015.

[ 12 ] 姜秀敏，辛志伟 . 西方国家公共服务市场化改革对我国的启示 [ J ] . 管理观察，2011（17）.

[ 13 ] 姜亦凤 . 我国公共文化服务体系构建中的公民参与研究 [ D ] . 青岛：中国海洋大学，2008.

[ 14 ] 金武刚 . 大英图书馆的法人治理结构 [ J ] . 国家图书馆学刊，2014（4）.

[ 15 ] 雷切尔 · 博茨曼路 · 罗杰斯 . 共享经济时代 : 互联网思维下的协同消费商业模式 [ M ] . 唐朝文，译 . 上海：上海交通大学出版社，2015.

[ 16 ] 李国新 . 文化类社会组织是政府购买公共文化服务的主要力量 [ J ] . 中国社会组织，2015（11）.

[ 17 ] 李军鹏 . 政府购买公共服务的学理因由典型模式与推进策略 [ J ] . 改革，2013（12）.

[ 18 ] 廖青虎 . 公共文化服务设施供给的创新模式及其融资优化路径 [ D ] . 天津：天津大学，2014.

[ 19 ] 林敏娟 . 公共文化服务中的民营企业角色 [ M ] . 北京：中国社会出版社，2014.

[ 20 ] 林敏娟 . 企业认知、政企互动与民营企业参与公共文化服务 [ J ] .

统计与决策，2013（6）.

［21］凌金铸 . 文化行政学原理［M］. 北京：清华大学出版社，2014.

［22］刘吉发，金栋昌，陈怀平 . 文化管理学导论［M］. 北京：中国人民大学出版社，2013.

［23］卢咏 . 第三力量：美国非营利机构与民间外交［M］. 北京：社会科学文献出版社，2010.

［24］迈克尔·麦金尼斯 . 多中心体制与地方公共经济［M］. 毛寿龙，译 . 上海：上海三联书店，2000.

［25］毛少莹 . 发达国家的公共文化管理与服务［J］. 特区实践与理论，2007（2）.

［26］牛华 . 我国政府购买公共文化服务发展现状与价值探析［J］. 公共管理，2014（5）.

［27］祁述裕，张祎娜 . 建立公益性文化事业单位法人治理结构，落实法人自主权［J］. 人文天下，2015（2）.

［28］塞缪尔·亨廷顿，劳伦斯·哈里森 . 文化的重要作用：价值观如何影响人类进步［M］. 程克雄，译 . 北京：新华出版社，2010.

［29］孙军 . 无锡新区公共文化服务社会化实践分析［J］. 文化艺术研究，2014（10）.

［30］孙军 . 无锡新区公共文化服务社会化实践分析［J］. 文化艺术研究，2014（4）.

［31］孙艺 . 我国城市公共文化设施配置研究［D］. 哈尔滨：哈尔滨工业大学，2012（4）.

［32］唐濛，龙长征 . 浙江城市社区文化建设研究［M］. 杭州：浙江大学出版社，2013.

［33］王名．社会组织论纲［M］．北京：社会科学文献出版社，2013.

［34］王千华，王军．公共服务提供机构的改革：中国的任务和英国的经验［M］．北京：北京大学出版社，2010.

［35］吴军．文明之光［M］．北京：人民邮电出版社，2017.

［36］肖丹，徐伟．朝阳区文化馆探索社区民主自治组织［J］．人文天下，2015（1）.

［37］肖鹏．公共服务提供的政府与社会分担机制研究［J］．财政研究，2007（3）.

［38］肖容梅．深圳图书馆法人治理结构试点探索及思考［J］．中国图书馆学报，2014（5）.

［39］徐清泉．上海公共文化服务发展报告（2016）［M］．上海：上海社会科学院出版社，2016.

［40］徐长银．美国文化管理的特点［J］．红旗文稿，2011（22）.

［41］杨宝，王兵．政府购买公共服务模式的中外比较及启示［J］．甘肃理论学刊，2011.

［42］易斌，郭华，易艳．政府购买公共图书馆运营服务的内涵、模式及其发展趋向［J］．图书馆，2016（1）.

［43］于晗，赵萍．日本公共文化服务的多元化供给及运营模式［J］．哲学与人文，2014（6）.

［44］曾莉．公共服务绩效主客观评价的吻合度研究［M］．北京：人民出版社，2016.

［45］张文显．法理学［M］．北京：法律出版社，2007.

［46］张永新．构建现代公共文化服务体系的重点任务［J］．行政管理改革，2014（4）.

[47] 张永新 . 构建现代公共文化服务体系的重点任务 [J] . 行政管理改革，2014（4）.

[48] 郑崇选 . 文化类非营利组织培育与现代公共文化服务体系建设 [J] . 上海文化，2014（12）.

[49] 周兰翠 . 政府购买公共文化服务：理论逻辑与实践形态 [J] . 地方财政研究，2014（4）.

[50] 资中筠 . 财富的责任与资本主义演变：美国百年公益发展的启示 [M] . 上海：上海三联书店，2015.

# 后 记

公共文化设施社会化运营是在坚持政府主导责任的前提下，引入竞争机制，将政府投资或社会兴建的各类公共文化设施，通过委托或招投标等方式吸引有实力的社会组织和企业参与，由其代为运营和管理，发挥其机制灵活、专业性较强、回应力较好等优势，有效地提升公共文化设施的社会效能。自 2002 年我国提出要吸引和鼓励社会力量投资建设公共文化设施、提供公共文化服务的战略主张以来，上海、浙江、广东等地就进行了积极探索，但由于文化管理体制、政策法规不完善等方面的约束，截至目前，社会化还主要在部分城市试点。就全国范围而言，社会化运营在我国当前还是新兴事物，其发展和成熟还需要一个长期的过程，需要在国家顶层设计的指引下，各城市根据自身的地区经济发展情况、社会力量发展水平、市民参与意识等多种因素，分层次、分类别、分阶段有序推进。整体而言，前途是光明的，但道路将是曲折的。

为了回应当前公共文化设施社会化运营中的实践要求，更好地促进社会化发展，本著在深入剖析了当前文化设施运营存在的问题与调整，并在充分借鉴美英法日等国家和地区的成功经验后，基于新公共管理、新公共服务以及多中心治理等理论，本着“公益导向”的原则，着眼多方利益协同的视角，利用系统的思维方式，构建了推进公共文化设施社会化运营的“E-GSC-S”系统模型。即一个目标（Efficiency），以提升公共服务效能为核心目标；三大主体，分别为政府部门（Government）、社会力量（Scical Power）、城市公民（Citizen）；一个支撑体系（Surport System），包括政策、法律、组织、机制、中介机构等在内基础性支撑体系。并深入分析了三大主体在社会化运营中的各自利益、定位、职能以及相互关系，并进一步就三者在推动社会化运营中应该采取的策略与措施进行了论述，希望通过各主体的协同合作，逐渐构建起一个多元共治、互惠共赢的生态圈，推进社会化运营的健康可持续发展。

从本人社会化研究的学术路程而言，提出“E-GSC-S”系统模型，这只是漫漫长征中走出的第一步，还需要许多问题需要去解决和突破。①对三大主体的利益与职能界定还需进行更加深入细致的研究。由于本人缺少在政府部门的实际工作经历，对利益难有切肤之感受，利害权衡还比较随意，分析也较为肤浅，未来需要通过挂职、课题、访谈等多种形式，更深入了解政府的利益诉求；②市场在公共文化设施社会化运营中，到底是应发挥资源配置的基础作用还是决定性作用，如何才能保障公共文化设施运营的公益性，在避免“市场失灵”“政府失灵”时，有效避免“志愿失灵”，这些都需要深入细致的研究；③“E-GSC-S”系统模型落实到实践中的执行突破口在哪里？目前来看最可能的突破口是 PPP 模式，但 PPP 模式的经济回报主要基于“使用者付费”，而公共服务设施基本是免费试用，这些矛盾如何才能够创新化解？④中国社会化运营的历史传统和文化根源在哪里？我们知道美国是植根其民主文化、经济自由主义以及新教精神，英国是延续了封建私人贵族对文化和艺术赞助的历史传统，那在我国如何才能提升社会化运营的合法性和认可度？其现代管理技术与传统精神如何无缝弥合？这些都还需要进行深入探索。

熊海峰于中国传媒大学明德楼<br>2020 年 6 月